湛庐 CHEERS

与最聪明的人共同进化

HERE COMES EVERYBODY

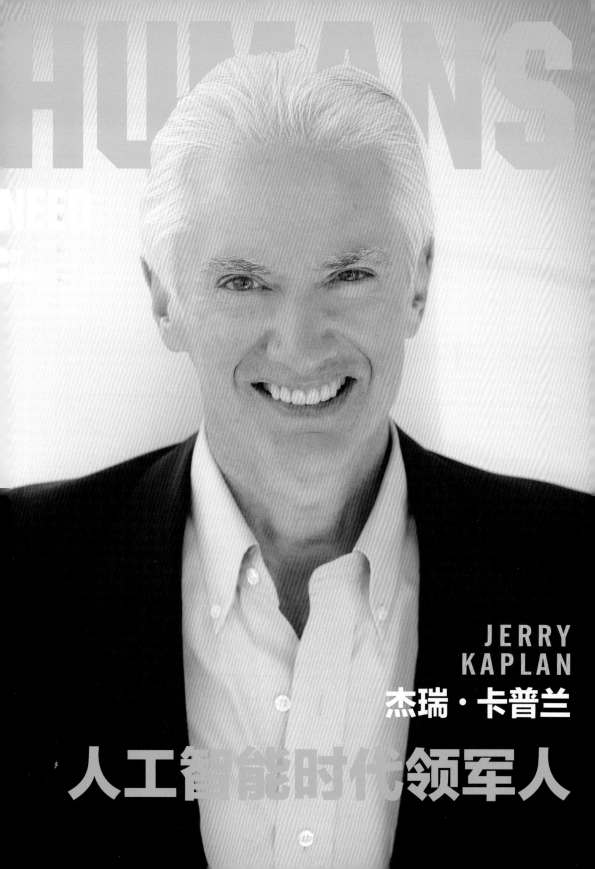

JERRY
KAPLAN

杰瑞·卡普兰

人工智能时代领军人

H

" 十几岁时，卡普兰对科幻小说《2001：太空漫游》情有独钟，他被感知计算机 HAL 震撼到了！当时，他把这本书反反复复读了 6 遍。从此，卡普兰走进了人工智能的世界。

MANS NEED NOT APPLY

一部《2001: 太空漫游》造就的斯坦福大学人工智能专家

1952年3月25日，杰瑞·卡普兰在美国历史名城怀特普莱恩斯市（White Plains）出生。在他十几岁时，美国启动了备受世人瞩目的"登月计划"，想要把人类送到美丽、迷人的月球之上。在这股风潮之下，众多科幻小说如雨后春笋般浮现，其中不乏艾萨克·阿西莫夫（Issac Asimov）、罗伯特·海因莱因（Robert Heinlein）和亚瑟·克拉克（Arthur Clark）这些影响全球的科幻小说大家的作品。不过，在这些耀眼的明星中，卡普兰唯独对克拉克的小说《2001: 太空漫游》情有独钟，他被感知计算机 HAL 震撼到了！当时，他把这本书反反复复读了6遍。他和两个朋友反复地阅读那本书，其中一个朋友因此进了好莱坞，实现了自己的导演之梦，而卡普兰则走进了人工智能的世界。

卡普兰的大学时光是在芝加哥大学度过的。在那里，他攻读了历史与科学哲学专业。随着时间的流逝，他对《2001:太空漫游》的痴迷并无一丝消退，几年后，他带着那份热爱，又考进了宾夕法尼亚大学计算机科学专业。尽管只有文科背景，但他很快就成了明星级的人物。在 5 年的学习中，他在所有课程中的表现都近乎完美。毕业后，卡普兰被斯坦福大学人工智能实验室聘为助理研究员。

开平板电脑与智能手机先河的
人工智能商业化先锋

> **卡普兰设计了世界上第一台笔触式计算机，这也预示了十几年之后 iPhone 和 iPad 的出现。**

当卡普兰来到斯坦福大学的时候，正赶上人工智能的第一个黄金时代——人工智能先驱侯世达 (Douglas Richard Hofstadter) 和后来将人工智能技术带向华尔街并将它变成了数十亿美元对冲基金的"宽客之王"大卫·肖(David Shaw)都在这所学校里。当时的斯坦福大学，学术界和商界之间的围墙已经逐渐坍塌，对投资和创业的狂热几乎无处不在。卡普兰也迅速变成了一个"商业开发"人士，他耗费数个夜晚编写了世界首款全数字音乐键盘音乐合成器 Synergy。这款软件后来被用来制作电影《创:战纪》(*Tron:Legacy*)的原声音乐。之后，他写出了第一代电脑自然语言查询系统的后台数据库，这一系统成为杀毒软件公司赛门铁克(Symantec)的第一代产品Q&A。在任职莲花公司(Lotus Development Corporation)首席工程师时，他还开发出了Outlook这类应用的前身软件 Lotus Agenda。

1982年，卡普兰创建了硅谷最为传奇的公司 Go 公司，并设计了世界上第一台笔触式计算机，这也预示了十几年之后 iPhone 和 iPad 的出现。

HUMANS
NEED
NOT APPLY

HUMANS NEED NOT APPLY

影响美国前国务卿
希拉里的政策倡议人

对于卡普兰的父辈来说，"美国梦"无疑代表的是经济上的改善，他们只希望下一代能过得比自己好。但对于卡普兰来说，他对未来的期望却远不止于此。一直以来，周遭的社会都存在着收入差距悬殊、阶级流动性低等问题，这使得所有孩子都生活在一个靠关系和物欲说了算的世界里，这样的世界缺乏自由和公正。

随着人工智能时代的到来，社会将面临前所未有的转变，我们如何才能驾驭这些新技术并创造共同繁荣？卡普兰为经济和社会政策提出了创新的自由市场调整方案，以求避免过长的

社会混乱期，构建了一个人机共生的新生态。

对于政策制定者来说，这样的洞见不容错过，而也因为此，卡普兰受到了美国前国务卿希拉里的青睐。2016年3月25日，希拉里亲自到卡普兰的家中进行了访问。

作者相关演讲洽谈，请联系
BD@cheerspublishing.com

更多相关资讯，请关注

湛庐文化微信订阅号

湛庐 CHEERS 特别制作

HUMANS
NEED NOT APPLY

人工智能时代

人机共生下财富、工作与思维的大未来

[美] 杰瑞·卡普兰◎著　　李　盼◎译

JERRY KAPLAN

HUMANS NEED NOT APPLY

A Guide to Wealth and Work in
the Age of Artificial Intelligence

献给卡姆琳·佩奇·卡普兰
Camryn Paige Kaplan

说出你的梦想，然后实现它。

机器人与人工智能，下一个产业新风口

·湛庐文化"机器人与人工智能"书系重磅推出·

60 年来，人工智能经历了从爆发到寒冬再到野蛮生长的历程，伴随着人机交互、机器学习、模式识别等人工智能技术的提升，机器人与人工智能成了这一技术时代的新趋势。

2015 年，被誉为智能机器人元年，从习近平主席工业 4.0 的"机器人革命"到李克强总理的"万众创新"；从国务院《关于积极推进"互联网 +"行动的指导意见》中将人工智能列为"互联网 +"11 项重点推进领域之一，到十八届五中全会把"十三五"规划编制作为主要议题，将智能制造视作产业转型的主要抓手，人工智能掀起了新一轮技术创新浪潮。Gartner IT 2015 年高管峰会预测，人类将在 2020 年迎来智能大爆炸；"互联网预言家"凯文·凯利提出，人工智能将是未来 20 年最重要的技术；而著名未来学家雷·库兹韦尔更预言，2030 年，人类将成为混合式机器人，进入进化的新阶段。而 2016 年，人工智能必将大放异彩。

国内外在人工智能领域的全球化布局一次次地证明了，人工智能将成为未来 10 年内的产业新风口。像 200 年前电力彻底颠覆人类世界一样，人工智能也必将掀起一场新的产业革命。

值此契机，湛庐文化联合中国人工智能学会共同启动"机器人与人工智能"书系的出版。我们将持续关注这一领域，打造目前国内首套最权威、最重磅、最系统、最实用的机器人与人工智能书系：

- **最权威，人工智能领域先锋人物领衔著作。**该书系集合了人工智能之父马文·明斯基、奇点大学校长雷·库兹韦尔、普利策奖得主约翰·马尔科夫、人工智能时代领军人杰瑞·卡普兰、数字化永生缔造者玛蒂娜·罗斯布拉特、图灵奖获得者莱斯利·瓦里安和脑机接口研究先驱米格尔·尼科莱利斯等 10 大专家的重磅力作。

- **最重磅，湛庐文化联合国内这一领域顶尖的中国人工智能学会，特设"机器人与人工智能"书系专家委员会。**该专家委员会包括中国工程院院士李德毅、驭势科技（北京）有限公司联合创始人兼 CEO 吴甘沙、地平线机器人技术创始人余凯、IBM 中国研究院院长沈晓卫、国际人工智能大会（IJCAI）常务理事杨强、科大讯飞研究院院长胡郁、中国人工智能学会秘书长王卫宁、微软亚洲研究院常务副院长芮勇、达闼科技创始人兼 CEO 黄晓庆、清华大学智能技术与系统国家重点实验室主任朱小燕、《纽约时报》高级科技记者约翰·马尔科夫、斯坦福大学人工智能与伦理学教授杰瑞·卡普兰等专家学者。他们将以自身深厚的专业实力、卓越的洞察力和深远的影响力，对这些优秀图书进行深度点评。

- **最系统，从历史纵深到领域细分无所不包。**该书系几乎涵盖了人工智能领域的所有维度，包括 10 本人工智能领域的重磅力作，从人工智能的历史开始，对人类思维的创建与运作进行了抽丝剥茧式的研究，并对智能增强、神经网络、算法、克隆、类脑计算、深度学习、人机交互、虚拟现实、伦理困境、未来趋势等进行了全方位解读。

- **最实用，一手掌握驾驭机器人与人工智能时代的新技术和新趋势。**你可以直击工业机器人、家用机器人、救援机器人、无人驾驶汽车、语音识别、虚拟现实等领域的国际前沿新技术，更可以应用其中提到的算法、技术和理念进行研究，并实现个人与行业的大发展。

在未来几年内，机器人与人工智能给世界带来的影响将远远超过个人计算和互联网在过去 30 年间已经对世界造成的改变。我们希望，"机器人与人工智能"书系能帮助你搭建人工智能的体系框架，并启迪你深入发掘它的力量所在，从而成功驾驭这一新风口。

ROBOT&
ARTIFICIAL INTELLIGENCE
SERIES

机器人与人工智能书系
·专家委员会·

当人工智能开始从实验室走向更为广泛的应用时，它就不再仅仅具有技术上的冲击力，而是会越来越明显地影响到人类经济社会的运行。卡普兰的新书《人工智能时代》把对人工智能的分析超前地拓展到这些领域，如何在未来建立人机之间的协调关系，在利用人工智能以使人类获得更大解放的同时，不至于带来收入差距拉大等负面影响，这些都是影响未来的重大课题。

巴曙松教授

中国银行业协会首席经济学家
香港交易所首席中国经济学家

每一次由人所发动的工具革命最终都让人惊叹不已，从石器和火到电与互联网。所有工具在赋能于人的同时都会造成某种异化和恐慌。但历史的演进轨迹似乎是，人机可以各擅其能，美美与共。

秦 朔

中国商业文明研究中心、秦朔朋友圈发起人

《人工智能时代》这本引人入胜、先知先觉，而又恰逢其时的著作，是由一位领先的科技思想家卡普兰创作的。对于创业者、科学家、政策制定者以及任何关心人工智能机器潜力和风险的人来说，这本书都不容错过。

李飞飞

斯坦福大学人工智能实验室主任

卡普兰除了是一位一流的计算机科学家外，还是一位优秀的社会学家和未来学家。《人工智能时代》一书中对于如何发展人工智能产业，如何把智能机器人引入社会都有非常精彩的描绘。特别值得一提的是，对未来社会使用机器人所带来的影响的分析，对从事智能机器人相关产业的人士有非常重要的参考作用。对于相关专业的学生和其他有兴趣的人士来说，这也是一部非常不错的参书。

黄晓庆

达阔科技创始人兼 CEO

约翰·马尔科夫在《与机器人共舞》中讲述了 AI 的过去，而这本《人工智能时代》则关乎 AI 的未来和人类命运。过去两年有多本类似主题的书，其作者都是未来学或经管背景；相比之下，作为如假包换的人工智能先驱兼未来学家，卡普兰的观点距离真相更近。卡普兰以极大的篇幅用冰冷的事实和无情的逻辑不断将人类逼向死角——合成智能蚕食白领，人造劳动者替代蓝领，人类生活被机器选择，最富有的 1% 借助 AI 统治其余 99% 的人——没有臆想的机器人叛变，却有真实的切肤之痛。最后一刻峰回路转、光明重现，那么，卡普兰的"锦囊妙计"能让世界归返大同吗？

吴甘沙

驭势科技（北京）有限公司联合创始人兼 CEO

2016 年，机器人在围棋领域战胜人类，标志着人工智能时代的到来。我们兴奋好奇，同时也迷茫焦虑。每一个人都在询问：如何预测人工智能的未来，又如何与它们相处？这不仅是在做技术预言，更是人类了解自身存在的意义以及未来将通往何处的终极问题。《人工智能时代》一书将给我们一些启迪。

王小川

搜狗 CEO

卡普兰是一个神奇人物，在互联网、人工智能、商业创业等方面都是业内公认的翘楚。这样一个神奇人物撰写的《人工智能时代》，位移了时空，打开了脑洞，不仅为我们展现了未来的世界，而且如达芬奇一般跨越时空的障碍，在现实社会描述出解决"奇点"社会的办法。这是一本政府官员、创新人才、互联网精英、预言家、社会学者，甚至法学家和伦理学者都必读的"神书"，也是打开人工智能社会的一把钥匙。

朱　巍

中国政法大学传播法研究中心副主任，硕士生导师
首都互联网协会法律工作委员会委员

新技术已经准备好要大量增加财富了，但是为谁增加呢？在《人工智能时代》一书中，卡普兰令人信服地证明了未来的经济增长是由资产而非劳动力驱动的。而且，为了拥抱一个更加公平的未来，他还提出了独特的政策建议。

劳伦斯·萨默斯

美国财政部前部长，哈佛大学荣誉校长

对于理解我们这个时代面临的巨大挑战来说，这是一本至关重要的书。《人工智能时代》告诉了人们如何在技术能力越来越强大的环境中智慧地生活。

杰伦·拉尼尔

《时代》周刊 2010 年 100 位最具影响力的人之一，虚拟现实之父
畅销书《互联网冲击》（*Who Owns the Future?*）作者

人工智能会改变我们人类的生活方式和工作方式，但是如何利用人工智能，是由我们来决定的。我们很幸运能够拥有像杰瑞·卡普兰

一样，既有天赋又有经验的思想家，来指引我们在新时代的荆棘中穿行。

约翰·杜尔

"风投教父"，凯鹏华盈（KPCB）全球合伙人

任职于斯坦福大学人工智能实验室的卡普兰教授指出，合成智能和人造劳动者很快就会以意想不到的方式改变世界。我们如何才能保证它们带来的收益会被广泛地均匀分配？卡普兰用一种坦诚而明智的视角来看待即将到来的人工智能革命，以及我们将如何缓解随之而来的问题。这本书会让你彻夜不眠地思考呼之欲出的未来。

里德·霍夫曼

LinkedIn 联合创始人，《纽约时报》畅销书《联盟》合著者

人工智能正在创造巨大的财富，但是面对这样的馈赠，我们却没有可以共享的经济法则。正如卡普兰所说的那样，我们面临的最大的挑战在于驾驭这些新技术并创造共同繁荣。

埃里克·布莱恩约弗森

《第二次机器革命》合著者

本书内容充满了独创性和活力……很多人都只是提出了问题，但卡普兰先生的独特之处在于，他设计了解决方法！

《经济学人》

人工智能时代 HUMANS NEED NOT APPLY

奔跑的人工智能

李德毅

中国人工智能学会理事长，中国工程院院士

杰瑞·卡普兰教授是人工智能领域不容忽视的未来力量的预言者，作为享誉全球的智能时代领军人，他的洞见对于硅谷乃至世界来说都是不容错过的。在《人工智能时代》这本书中，卡普兰为我们描绘了一幅人机共生的未来图景，在这个新生态中，机器与人的关系将彻底实现质的跨越，这对整个社会的法律、经济体系也提出了艰巨的挑战。所以，欢迎来到未来！

在我们这个星球上，围棋和汽车都是人类的发明，而今要迎来机器人"新人类"，围棋机器人和轮式机器人正发展成为人类的伙伴，它们有智慧、有个性、有行为能力，甚至还有情感，机器人给人类带来的影响将远远超过计算机和互联网在过去几十年间已经对世界造成的改变。人类的发展史，就是人类学会运用工具、制造工具和发明机器的历史，机器使人类变得更强大。科技从不停步，人类永不满足。今天，人类正在发明越来越多的机器人，智能手机可以成为你的忠实助手，轮式机器人也会比一般人开车开得更好，曾经的很多工作岗位将会被智能机器人替代，但同时又自然会涌现出更新的工作，人类将更加优雅、智慧地生活！

人类智能始终善于更好地调教和帮助机器人和人工智能，善于利用机器人和人工智能的优势并弥补机器人和人工智能的不足，或者用新的机器人淘汰旧的机器人；反过来，机器人也一定会让人类自身更智能。

1956 年，达特茅斯会议开启了人工智能的发展。经过 60 年的准备，人工智能终于可以奔跑了。人工智能奔跑的天梯是由移动互联网、云计算、物联网、大数据等搭建的。我们对人工智能要有敬畏之心，就好像我们对科学要有敬畏之心一样。

现在，各式各样人机协同的机器人，为我们迎来了人与机器人共舞的新时代，伴随优雅的舞曲，毋庸置疑人类始终是领舞者！

世上少了一位传奇创业者，却多了一位人工智能的白发航海家

李开复

创新工场 CEO

大概四五年前，我就被杰瑞创立 Go 公司的故事打动过。彼时，我称它是我最喜欢的硅谷创业故事，直至今日，我仍然这样认为。

杰瑞是个传奇式的人物。是他，开启了平板电脑和智能手机的先河。早在童年时，他就因为一部《2001：太空漫游》，对人工智能燃起了极大的兴趣。后来，这个念想一路支持他考进了宾夕法尼亚大学的计算机系，并最终进入斯坦福大学人工智能实验室工作。可惜，当时的商业气氛已经侵蚀了单纯的科研环境，杰瑞也随众"下海"。兜兜转转，他竟然创造了无数硅谷乃至世界的奇迹。商海沉浮，几经磨难，杰瑞还是回到了斯坦福大学。这一次，是因为他意识到：人工智能时代已经到来了。此时，世界上的大多数工厂正在用机器取代人类工人，机器人开始成为老人、孩子的新伙伴，甚至科幻电影里也在大肆渲染人工智能将要统治世界的惊悚理念。这引发了大众越来越多的恐慌："机器人会不会有一天取代我？"所有人都在这样心有戚戚地自问。

就像他在这本新书《人工智能时代》中讲到的，越来越多的机器自动化给社会带来了巨大冲击：失业与经济失调。越来越多的人失去了自己乃至父辈赖以生存的工作，不得不在艰辛的生活中困顿求生，甚至，他们不仅失去了自己的工作，更因为机器对技能的取代，永远失去了再次就业的机会。就像杰瑞在书中所讲的内斯特的故事一样，我从他身上看到了无数普通职员的身影：他在工作上的兢兢业业、在面对老板时的战战兢兢、为了不丢掉工作的带病坚持……所有这一切都在发出"不要让我失去机会"的呼声，他如宿命般地在几份工作之中辗转，最终终于爬上了标准生活的水平线。但是，这也只是一时的安宁，因为最终他那份出租车司机的工作也将成为历史。而硬币的另一面，却是人工智能像"上帝之手"一般，将越来越多的财富集中在少数 1% 的人手中，人工智能的快、准、狠，让他们在股市上收益，让他们最先成为智能时代的幸运儿。这样的两级分化，让整个社会陷入了不公平的深渊。

我大体上同意杰瑞对人工智能发展趋势的判断，但在人工智能可能给人类带来的冲击上，我比他要乐观一些。

35 年前，我就进入了人工智能领域，无论我在大学，还是在苹果、微软、谷歌工作，到现在作为风险投资人，我对人工智能技术的进步以及由此带来的对经济社会的影响都非常关注。越来越多的人开始关注人工智能是一件让人高兴的事情。目前人工智能仍处在萌芽阶段，但我们也看到，它的进步速度是惊人的。人工智能在某些领域已经打败了人类，比如，前不久 AlphaGo 战胜了顶尖的人类围棋棋手。未来，随着人工智能应用于越来越多的领域，人类越来越多的工作也终将被人工智能所替代，这是必然趋势。

我个人认为有两种类型的工作可能最先被人工智能所取代。一种是传统上"黑箱操作"、存在较严重的信息不对称的行业，比如股票投资、保险业等。另外一种是那些非常机械、重复性劳动较多的行业。与人相比，机器不会疲劳，可以7×24小时工作，对数据有更强大的记忆力和掌控力，再加上现在的机器更具备了分析、判断与预测能力，因此未来在绝大多数工作岗位上，机器都可以比人类做得更好。

但如果有人因此就认为人类行将灭亡，机器行将统治人类，那我只能说他们是科幻小说看得太多了。因为机器虽然会取代人的工作，但毕竟还是我们的"奴隶"、是我们操作的工具，我们想用它们的时候可以把它们打开，不想用的时候则可以把它们关掉，我们完全可以控制这些机器。

那么，未来机器是否会变得和人一样，具备自主意识而且能够独立思考？这恐怕是一个目前仍难以回答的问题，没有人知道确切答案。乐观者认为，20年之后机器就可能会独立思考；悲观者则认为，机器永远不会有自我意识。我的观点是，既然我们对此难以形成定论，还不如先关注眼前已经发生和确定将要发生的事情。已经发生和确定发生的事情是什么？那就是，机器作为工具，已经代替人类从事了很多工作，而未来10~15年，人类一半的工作将会被机器取代。正如杰瑞在《人工智能时代》中所说的，人类将迎来有史以来最大的失业潮。

不过，因机器替代人类而出现的失业未必有我们想象的那么可怕，毕竟高效率、低成本的机器可以为人类创造更多的财富，而这些财富理论上可以通过政府征税等再分配方式为民众带来更多的社会福利。如此，失业者非但不需要为生活担忧，反而可以从重复性的、没有多少创造力的工作中解放出来，转而去发展自己的爱好，从事更多有创造性的活动，比如写小说、进行艺术创作或者追求更有信仰的人生。但也有很多悲观的论点，比如很多人觉得，现在的不少小朋友已经如此沉迷于虚拟世界，如果未来连工作也被机器所取代，人类会不会更加颓废，整天戴着 VR 眼镜醉生梦死呢？

杰瑞在《人工智能时代》中论述了如何构建一个适用于人机共生的新生态：在这个生态中，机器人犯罪了，我们知道该如何去惩罚，也知道该如何让自己置身事外，不受牵连；在这个生态中，我们的企业、教育体系与个人知道该如何建立一个有益的绿色闭环，以帮助将近半数的失业人员再就业；在这个生态中，我们知道企业的形态、竞争机制，甚至社会保险制度会面临什么样的选择，又该如何做才能让社会经济良性运行。最终，在这个生态中，机器人做的将是机器人该做的，而人的价值自有它的去向。

毫无疑问，人工智能一定会成为一个庞大的产业，并蕴含巨大的商业机会。因此，人工智能一直是创新工场致力于深度孵化的领域。花大力气推动人工智能企业在中国的发展，使中国能够在这个领域成为领先者。创新工场很早就在寻找人工智能方面的公司，目前我们已经投资了十多家人工智能公司，除了 Face++、地平线以及第四范式等企业，我们还开始布局无人驾驶、深度视觉等领域。我们会把丰富的产业知识、技术能力、中美人工智能的经验等手把手地传授给这些初创企业。除此之外，我个人也会把我过去 35 年的相关经验和体会与他们分享。

例如，Face++ 这家国内最为成功的人工智能公司就是多年前由我亲自挖掘的，我还担任了这家公司的董事，并参与了许多具体业务。我从大学就开始从事人工智能领域的研究，这么多年来一直对其情有独钟，所以当 5 年前 Face++ 找到我的时候，尽管挑战很大，应用尚不明确，我仍旧非常愿意帮助他们。经过这些年的努力，这家公司逐步成熟，与阿里的蚂蚁金服也达成了合作，马云在德国向默克尔展示的刷脸支付技术就是该公司提供的。

向前一步，永远比止步不前更适合应对人工智能时代的冲击；

提出答案，永远比舔舐恐惧更适合驾驭人工智能这个时代的巨变。

人类，要让巨变这一标签作为自己的脚注，而不是被动地成为它的注解。我想，这便是杰瑞这位白发航海家正在为世人作出的努力，也是全人类共同的激情所在。

我很享受阅读杰瑞这本新书《人工智能时代》的过程，让我重新找回了当时读 Go 公司创立故事时的热血。书中的一个个故事与观点，一次次地打动我心、触发灵感。而他在经济与法律上的洞见，对于每个政策制定者和决策者来说都具有启发意义。

人工智能大爆发，人类何去何从

我感到非常高兴也很荣幸这本书能在中国出版。虽然书中大部分事例和数据都来自美国，但是我仍希望能为中国读者关心的话题提供一些见解，甚至打开一扇洞悉不同文化的窗口。我讨论到的很多话题，如自动化如何改变工作的本质以及加剧财富分配不均等问题，不仅出现在美国，对于中国来说，区别仅仅是一切发生得更快而已。而人工智能技术，极有可能会进一步加速这种趋势。

社会正在变富有，而我们却没有过得更好

美国经济从以农业为主发展到以制造业为主，用了大约两个世纪的时间，但是中国似乎正在以更快的速度迎接同样的转变，这个时间可能只需要几十年。对于美国来说，改革发生的速度比较缓慢，所以工人们可以在相对平稳的条件下适应新环境，对于任何个体的一生来说，其实并没有发生什么大变革。与此相对的是，中国正在迅速地实现着工业化，并且更快地看到了工业化带来的后果：更多农村人口向城市迁移以及随之而来的工作机会、工作者技能和雇主需求不匹配，以及对传统以家庭为中心的生活环境的破坏。

今天，生活在中国的人们无疑都感受到了这种

深刻而切身的巨变。以任何客观标准而言，中国作为一个国家和文化的整体，比任何西方国家都更成功地适应了这一变化。毫无疑问，中国在快速工业化方面的经验可以帮助其更好地面对人工智能技术带来的额外负担。

相比于美国，快速发展带给中国的一些问题可能反而更加陌生，也更难解决，比如不断加剧的贫富差距以及对他人需求的视而不见。自动化成了劳动力的替代资本，因此贫富差距加剧，拥有资本的富人更能获益。中国社会鼓励人们努力工作、勇于创新和冒险，虽然这种价值取向能够让贫富差距变得合乎情理。但，事实上并没有那么简单。

很多人，包括我在内，都相信不断扩大的贫富差距会对我们的生活造成极大的威胁，其程度甚至超过战争、恐怖主义以及很多其他危险。美国过去半个世纪的经验给了我们一个惨痛的教训：我们的社会可能会变得很富有，但是大多数人却没有过得更好。

所以，我们必须确保所有人，无论其阶级和地位如何，都能有公平且合理的机会来争取更好的生活。社会只有在公平时才会稳定。

工作的本质正在发生异变

即将袭来的机器人、机器学习以及电子个人助手可能会开创一个全新的世界，在这个世界里，很多今天由人从事的工作都将由机器完成。但这并不足以让人产生恐惧之情，因为由人从事的工作肯定不会消失殆尽。**实际情况是，工作的本质将会发生改变，而重点会转移到那些人能比机器完成得更好的任务上去。**未来，这种工作将是那些需要和他人建立情感联系、展现同理心、演示特殊技能、制造美的物品、启发年轻人，以及激发有目标感的活动。我相信，未来工作的主要内容一定是那些需要人类独有技能参与其中的任务。

我想，生活在两个世纪以前的美国农民很难想象今天的世界：只要 2% 的美国人口就能为所有美国人提供足够的食物，而大多数工作者所从事的工作并由此获得报酬更是他们无法想象的——比如为计算机编程、买卖房地产、组装手机、通过网站做广告、婚姻咨询、做整容手术，以及维修自动售货机等。他们当然会惊讶于通过完成这些任务来赚钱的工作者，因为这些工作不需要大量的体力劳动——在他们看来，这些工种根本就不像工作。

今天，要想预测未来一样很困难，我们很难想象在未来的世界里，可能很多甚至大部分人在劳动为市场从事的是诸如设计基因改造花株、主持线上聚会、角逐电子游戏竞赛、利用虚拟现实带老人或病人"旅行"，以及售卖适用于 3D 打印机的产品设计等工作。

人类的未来，与科幻小说无关

我希望，这本书能帮读者理解即将袭来的人工智能时代所带来的挑战和机遇。而我写这本书的目的就是，让读者更深刻地理解这场变革，以及什么是真实的，而什么又是最新科技发展中的幻象。如果公众对这一重要科技的认知只是由科幻电影和小说所塑造的话，那么我们就无从应对它即将对我们的生活和工作带来的极为真实的影响。植根于事实的认识是通往未来更好的向导，因为我们今天居住的世界将和这样的未来大相径庭。

在具体问题上，不同国家可能会面临科技进步带来的不同挑战，因此解决方案也会各不相同。但我们最根本的需求是相同的，指导原则也是普适的。当我们努力发展经济、促进国家繁荣时，应该小心翼翼地保护传统文化中的精粹，尊重人的权利，并确保我们都能公平而广泛地在社会的各个角落分享新财富。

杰瑞·卡普兰

人工智能时代　HUMANS NEED NOT APPLY

不优雅转型，则遍体鳞伤

我是一个乐观主义者，但却不是天生的。

苏联在 1957 年发射了第一颗人造地球卫星之后，美国似乎受到了羞辱，联邦政府随即决定把科学教育列为国家的首要任务。当"冷战"达到高潮时，时任参议员的约翰·肯尼迪（John F. Kennedy）把缩小"导弹力量差距"作为他竞选总统的核心政策。谁都想在那场刚刚爆发的军备竞赛中取得领先地位。

当时，很多像我这样的年轻人都推崇理想主义，把科技创新赞美为通往永恒和平与繁荣的必经之路。各种传奇故事和奇异冒险应运而生，人们热衷于阅读那些讲述如何用宇宙飞船和激光枪拯救世界、赢得美人的故事。

我 10 岁时，我家搬到了纽约，这个城市对我来说就像是《绿野仙踪》中的奥兹国，而 1964 年的世界博览会在我眼中就是"绿宝石城"。只要我的便士乐福鞋 ① 里面还装有两美分，就足够让我从中央车站坐地铁去观看像巨型地球仪、单轨铁路这样的未来奇观。我还可以去通用电气的"进步之

---

① 便士乐福鞋因在横跨鞋面的带子上面有一个可以塞下 1 美分硬币的菱形切口而得名。——译者注

城"①，那里的迪士尼电子动物机器人会在欢乐和谐的气氛中欢呼"美好的未来"。

科幻小说的世界伴随着我一起成长。当我在苦学微积分和立体几何时，电影《星际迷航》(Star Trek)②带给我安慰和鼓励——柯克船长的 SAT 成绩肯定不错；而《2001：太空漫游》(2001 : A Space Odyssey) 又带领我达到了另一个层次，我得以偷窥人类的最终命运。我为《2001：太空漫游》中拥有强人工智能的超级计算机 HAL 9000 的红色光晕所着迷，从而也引领我走上了人工智能的研究道路。

10 年之后，我相继获得了芝加哥大学历史与科学哲学的学士学位以及宾夕法尼亚大学的计算机科学博士学位，随后我去往斯坦福大学人工智能实验室 (Stanford Artificial Intelligence Lab，SAIL) 做研究。

我感觉自己仿佛到了极乐天堂。斯坦福大学人工智能实验室充满了不修边幅的天才和古灵精怪的奇人，似乎要坍塌的实验室坐落于斯坦福大学校园西侧一座孤独的小山顶上。休息时，奇特的电子音乐会充斥于大厅之中，机器人偶尔会毫无目的地在停车场游荡；逻辑学家和哲学家们争论着机器是否可以有思想。约翰·麦卡锡（John McCarthy）——实验室的建立者、"人工智能"（AI）概念的联合提出者，在大厅中漫步，一边还轻抚着自己的胡须。这个半圆结构中的一大片

---

① 1964 年纽约世界博览会上，迪士尼受通用电气委托建造了"进步之城"（Progress-land），展示了电在人类发展过程中的作用。——译者注

② 《星际迷航》是最著名的科幻电影系列之一。 它描述了一个乐观的未来世界，人类同众多外星种族一道战胜疾病、贫穷、偏执与战争，建立起一个强大的文明。——译者注

空地似乎正在等待着和先进的地外文明进行第一次接触。

但是即使在天堂，居民们也会焦躁不安。硅谷发出了诱人的呼唤——你既有机会改变世界，还能变得更加富有。我们曾经为建设项目而急切地搜寻研究经费；而现在一种新型投资——风投，带着大把资金出现了。

30 年过去了，在我经历了几家创业公司之后，终于决定抑制自己的创业热情，准备退休。但是，我发现自己并没有真正准备好，还不能平静地开始老年生活。机会为我开启了一扇崭新的门：我被邀请回斯坦福大学人工智能实验室。只是这次，我是作为一位白发航海家，向他们传授在危险的商业海洋中驰骋的技巧。

让我惊讶的是，实验室已经变得完全不同了。实验室里的人虽然依旧聪明且充满热情，但是那种共同的使命感已经消失了。这个领域已经细化为一系列学科，跨专业的对话变得更加困难。很多人都专注于自己领域内的下一个突破，但是我担心他们已经失去了更加广阔的视野。这个领域的最初目标——探索智能最基础的本质并以电子形式复制它，已经让位给了优雅的算法和精彩的演示。

为了重燃实验室最原始的精神，我提出要教授一门名为"人工智能的历史和哲学"的课程。当我开始深入研究这一主题时，我警觉地注意到，有些严肃的问题已然呼之欲出。在看了那么多电影之后，我深知大团圆结局并不多见。**最近这个领域有了足以震惊世界的新进展，这将会给社会造成重大的影响。但是我们是会优雅地完成这次转型，还是会在这个过程中变得遍体鳞伤？我并不确定。**

斯坦福大学人工智能实验室里聪明而专注的人们以及他们遍布在世界各地的大学、研究中心、公司的同事们——正在解决意义等同于"曼哈顿计划"的21世纪难题。就像这个绝密计划中负责制造原子弹的工作人员一样，只有少数人清楚他们所从事的工作所具有的巨大能量，这种能量有可能会改变千家万户的生活，甚至还会改变我们对自身的认识以及我们在宇宙中的地位。制造一个能够阅读名字和地址、能在走廊投递邮件的可爱机器人是一回事。但是要制造出在能力上不断升级的机器人则是另一回事，这样的技术可以帮我们运营农场、管理养老金、雇用和解雇工人、选择阅读什么样的新闻、过滤我们的通话发现危险信息，甚至为我们冲锋陷阵。

机器很聪明，有一天它们会"起义"吗？机器真的是人类未来的大敌吗？扫码下载"湛庐阅读"App，搜索"人工智能时代"，观看杰瑞·卡普兰录制的独家视频。

当然可以，但这些只是科幻小说中的场景。我们在几十年前就看过这样的电影，不过在现实生活中却从没发生过什么可怕的事。现在又有什么大不了的呢？为何要大惊小怪？

第二部分

重塑社会，拥抱智能大未来

人工智能时代 HUMANS NEED NOT APPLY

引言 Humans Need Not Apply

欢迎来到未来

—————————

机器是否能思考，与潜水艇
是否能游泳的问题很像。

艾兹格·迪科斯彻

Edsger Dijkstra，计算机科学家

—————————

经过 50 年的努力和投入数十亿美元的研究经费后，我们似乎快要破解出人工智能的密码了。但事实上，人工智能和人类智能并不相同，至少现在看起来是这样。不过没关系，用计算机科学家艾兹格·迪科斯彻的话说就是："机器是否能思考，与潜水艇是否能游泳的问题很像。"帮你寻找约会对象的网站和帮你割草的机器人，它们的做法是否和你一样并不重要，却会以你永远都无法达到的速度、准确度以及更低的成本来完成这些工作。

计算机技术的加速发展推动了机器人、感知以及机器学习领域的进步，这些成果让新一代系统可以匹敌甚至超越人类的能力。这些发

展很有可能会开辟出一个前所未有的繁荣而安逸的新时代，但是转换过程可能会很长，也很粗暴。如果我们不对经济系统和调控政策加以调整的话，就可能会陷入无止境的社会动荡之中。

警报随处可见。现代发达世界的两大灾难——持续性失业和不断加剧的收入失衡，让我们的社会承受着折磨，甚至在经济持续发展时也不例外。如果对这些现象置若罔闻，我们可能会在越来越舒适和富有的背景下看到大范围贫困的发生。我写作本书的目标是，作为向导，带你领略促成这场转变的科技进步，为你展现这场变革将要带给社会的挑战。我还会提出一些自由市场的解决方案，这些方法可以在推动进步的同时减少政府对我们生活的干预。

智能正在解放你的双手

人工智能领域的研究在两个方向上有所突破。第一类新系统已经进入应用阶段，它们从经验中学习。但是和人类不同，人类所能吸收的经验被广度和规模所限，而这些系统却能够以极高的速度检查有意义的海量样本。它们不仅能理解我们所熟悉的视觉、听觉以及书面信息，还能理解那些我们并不熟悉的"穿行"在电脑和网络中的数据。想象一下，如果你能用上千只眼睛看，能听到遥远之处的声音，还能阅读所有已出版的内容，那你将会变得多么聪明！你便可以在闲暇时品味和细思这个世界，然后就会知道这些系统是如何感受它们的环境的了。

我们从越来越多的传感器（sensors，如监测空气质量、交通流量、海浪波高等）上积累数据，我们自身的电子足迹（如网络搜索、博文记录、信用卡交易记录）也会越来越广，这些系统可以从中掌握人类大脑无法企及的模式和见解。你可能会认为它们展示出了超人的智力，但这绝对是误解——至少在可以预见的未来，因为这些机器没有意识、无法反思，不会展示出丝毫的独立意愿或个人诉求。换句话说，它们没有思想。它们在某些方面极其擅长，但是我们并不完全理解它们是如何完成这些任务的。在大多数情况下，这是因为对于像我们这样简单的生物来说，根本没有能让我们理解的解释。

这个领域的研究并没有一个被广泛接受的名字。根据研究的重点和方法，研究者们将其称为机器学习、神经网络、大数据、认知系统或者遗传算法，等等。我根据这种产品的一般性目标，将其称为"合成智能"（synthetic intellects）。

合成智能不是通过传统意义上的编程得到的。你从各种各样、越来越多的工具和模块中拼凑素材、建立目标，把它们指向一系列实例，然后将其解放。最终系统会变成什么样并不可预见，且结果不受其创造者控制。很快，合成智能对你的了解程度会超过你的母亲，对你行为的预测会比你自己还准，还能警告你那些无法察觉的危险。我将会详细地描述合成智能的工作方式，并且告诉你这些系统为什么能超越我们对计算机的一般理解。

第二类新系统来自传感器和执行器（actuators）的结合。它们可以看、听、感觉，还能和其所在的环境进行互动。当传感器和执行器相结合时，你会把这种系统视为"机器人"，但是把两者放进同一个物理容器中并不是必要的。事实上，在多数情况下，这么做的结果也并不理想。传感器可以散落在某种环境中，比如路灯上或智能手机里，而传感器的观察端则会被收集和存储在某个遥远的服务器集群上，这个集群会利用这些信息制订计划。这个计划可能会被直接执行（比如通过控制远程设备）或者被间接执行（比如哄骗你作出某些其期望的举动）。通常来说，这些举动的结果马上会被感知到，然后系统会对计划进行持续修正，就像你利用手捡起物体时所表现出的那样。

当你听从导航仪的指导时，就身处这样一个系统中，这个监控你位置和速度（通常通过 GPS）的程序指挥着你。它把你和其他驾驶员的信息汇总起来探测交通状况，也会利用这些信息为你以及其他人制定更高效的行车路线。

也许这类系统越是强大，就越会让人觉得简单，因为它们完成的是人们习以为常的任务。虽然这些系统缺少常识和一般性的智力，但是它们能毫不疲倦地在混乱而多变的环境中完成种类庞杂的工作。

到目前为止，常见的所谓自动化多指把用于特殊目的的机器集中在工厂车间，以从事重复性的单一任务，而且这些机器的周遭环境也是为它们而设计的。与之相反的是，新系统会在外执行任务，它们会种田、粉刷房屋、清洗人行道、洗衣服和叠衣服。它们可能会和人类工人一起在音乐厅铺设管道、和农民一起收割庄稼、和工人一起建造房屋，或者它们可能会被单独分配到危险或人类不可接近的环境中去救火、检查危险的桥梁、在海底开矿或者在战场上作战。我把这些系统称为"人造劳动者"（forged labors）。

当然，这两类系统——合成智能和人造劳动者，可以共同协作完成需要高级知识和技巧的物理任务，比如修车、做手术以及烹饪美食。

原则上说，这些新系统不仅会把你从痛苦的杂务中解脱出来，还会让你变得更高效，当然，前提是你能够负担得起这些系统。定制的电子智能体（electronic agent）可以将你的个人利益最大化，在谈判中代表你，还可以教你微积分——但不是所有这些系统都会为你工作。

人类很容易被眼前的利益所欺骗。具有先见之明的思想家杰伦·拉尼尔（Jaron Lanier）把这种系统称为"海妖服务器"（siren servers），它会根据你的意愿为你量身定制短期激励，劝你去做一些并不符合你长期利益的事。[1] 冲动消费和快速送达所带来的无法抗拒的诱惑可能会蒙蔽你的双眼，让你看不清它对你所珍视的生活方式造成的缓慢而具有毁灭性的影响。你可以今天晚上就在网上购买一个电饭煲，明天就会送到，但是其中的价值并不包括你家附近慢慢关闭的商店和你正要失业的邻居。

让这些系统推荐你该听的音乐或者推荐你该买的牙刷是一回事，但是当我们允许它们自发行动的时候情况就完全不一样了。因为它们的反应时间是我们几乎无法感知的，所以在掌握了人类无法理解和掌控的海量数据之后，它们就可以在转瞬间造成人类无法想象的灾难——关闭电力网、让所有飞机停止起飞、取消上百万张信用卡。

你可能很奇怪为什么会有人制造出这样可怕的系统。谨慎起见，为了防止少数事件的发生，比如重要输电线路中两个或以上的位置同时短路，我们有必要设计出保障措施。不知为何，这些百年一遇的灾难性事件似乎总是以一种令人担忧的规律出现。当问题出现时，人类在紧急情况下根本没有时间作出任何反应，因为毫不夸张地说，损失已经在瞬息之间形成了。想象一个令人恐惧的场景，核导弹发射之后我们至少还有几分钟时间可以想想对策，但是对核电站的网络攻击却可以在一瞬间瓦解其控制系统。所以我们别无选择，只能相信机器会保护我们。

在狂放不羁的网络空间里，你都无法知道两个或更多有着相反目的的自主系统何时会相遇。它们之间争斗的规模和速度堪比自然灾害。这不是假想——这样的事情已经发生了，而且后果相当惨烈。

> 2010年5月6日，证券市场莫名其妙地跌了9个百分点（道琼斯工业平均指数的1 000点），大部分下跌过程是在几分钟内完成的。1万亿美元的资产价值暂时蒸发了，上百万工人的养老金和其他很多类似资金也包括在了其中。证券交易所的股票交易经纪人无法相信这一事实。

> 美国证券交易委员会（SEC）花了近6个月的时间才弄明白究竟发生了什么，然而答案并没有给人丝毫慰藉：代表各自所有者买卖股票的计算机程序在互相竞争的过程中失控了。在被称为高频交易的神秘世界里，这些系统不仅"收割"时隐时现的小型获利机会，还会探测和利用彼此的交易策略。[2]

就连这些"电子老千"的创造者们都无法预测他们的程序对彼此的影响。设计者通过历史数据来建立和测试这些复杂的模型，所以这些程序无法预测同等能力的反对势力何时出现以及它们的行为。看起来，随机发生的诸神之战撼动了金融系统的基石——人们对其公平性和稳定性的信任。经济学家给这个奇怪的新现象起了个谦逊的名字"系统性风险"（systemic risk），听起来就像只要来一剂叫作"监督管理"的良药再好好睡上一晚，问题就会消失一样。

看不见的威胁，更致命

但是问题的核心原因却更加凶险——隐形的电子智能体正不断涌

现出来，它们代表着所有者的狭隘私利，并以此为原则采取行动，除此之外它们并不关心对其他人造成的任何影响。因为这些智能体隐秘而无形，我们无法感知它们的存在，也不能理解它们的能力。可能遇到机器人抢劫犯都比这些隐形的电子智能体要好——至少我们能看见它们什么时候出现、什么时候逃跑。

2010 年的"闪电崩盘"（Flash Crash）可能引起了管理者的注意，但是却没有减缓类似技术在各行各业中的应用。任何时候，只要你买东西、访问网站或者发表评论，都有一支由电子智能体组成的雇佣军在暗处"观察"着你。一个行业因此应运而生：它专注于把程序和数据形式的武器卖给胆子够大的公司，这些公司利用这样的武器进行无休止的混战。之后，我会详细地描述一个这样的竞技场：每当你加载一个网页时，背后就上演了这种蔚为壮观的群集大战，争夺着为你展示广告的权利。

强大的自主智能体的出现引发了严肃的伦理问题。大多数我们分配资源的方式遵循了一种不必言说的社会规范。例如，镇里的规定允许我在家附近停车两个小时以内，因为太频繁地挪车对我来说可能不太方便。但是如果我的车可以自动变换车位呢？我的私人机器人有权在电影院替我排队吗？

自动驾驶汽车可能在几年内就会大范围投入使用，但同时也会引发一些严肃的问题。这些精巧的机器需要在刹那间作出关乎是非对错的决定，而这些伦理问题已经困扰了思想家们上千年。想象一下，如果我的车正要经过一座狭窄的桥，而桥的另一端开来一辆载满儿童的校车。这座桥无法同时容纳这两辆车，为了避免两辆车同时被毁掉，必须有一辆车掉下桥去。我会买一辆愿意牺牲我而拯救孩子们的车吗？激进的风格会成为自动驾驶汽车的卖点吗？类似的道德困境不再只局限于哲学家的沉思，我们的法律马上也会面临这样的问题。

未来的矛盾来自资产与人

随着合成智能和人造劳动者作为我们的个人智能体的出现，大量现实问题也产生了。

● 如果机器人也算顾客的话，那么"每位顾客一个"该怎么说？如果我拥有一队机器人呢？

● 我的电子助手能帮我撒谎吗？

● 如果我让自己的机器人在感恩节晚餐时给我未成年的女儿上酒，机器人是不是应该举报我？

● 如果一个遛狗机器人仅仅因为遵守"切勿践踏草坪"的牌子，而没有成功避免狗咬伤你的孩子，你会作何感想？

● 如果你心脏病发作，而你的自动驾驶汽车却拒绝加速乃至超速把你送到医院，你该怎么办？

虽然社会在制定法律和规定时默认人们偶尔可以实施一定的个人自由裁量权，但在人工智能时代，我们的制度很快就必须要面临一个问题，即如何用全新的方式去平衡个人的需求和更广泛的社会利益。

所有这些问题与新系统即将造成的经济危机比起来，不值一提。今天，大部分蓝领工作和白领工作很快就要分别受到人造劳动者和合成智能的威胁。包罗万象的体力或脑力劳动很容易会被新型设备和程序所取代。为什么雇主要雇用你，而不去买个机器？

我们马上就会发现，马克思是对的：资本（其利益由管理者操纵）和劳动力之间的矛盾不可避免，而最终失败的则是工人。但他并不认同"我们所有人都是工人"的观点，比如经理、医生以及大学教授。作为一位经济学家，马克思在还没有想到人造劳动者的时候，就理解了工业自动化会用资本取代劳动力。但是他无法预见的是，合成智能也能用资本来取代人的头脑。所以他描述的低收入工人和高收入管理者之间的矛盾（人对抗人）并没有切中问题的要害。真正的问题在于，富人仅仅需要不多的人（如果还需要的话）来为其工作。

虽然听起来很奇怪，但是未来的矛盾来自资产和人，因为我们通过创造而积累的资源并没有什么建设性的用途，或者并没有被应用到生产上。**可能只有所谓的 1% 的人会成为今天这些趋势的受益者，但是如果不对这些拥有资产的人或物设置预警的话，很有可能这仅有的 1% 也将会缩水到 0，就像是古埃及的金字塔一样，抽光整个社会的资源仅仅是为了个人统治者的妄想而服务。**要想管控今天我们所了解的经济是极其困难的，可是这样的经济极有可能会在没有人类的情况下自我推动前进，于是更多人被推下了船。最后一个被驱逐下船的人会关灯吗？没关系——灯自己会关的。

失业与经济失调，科技进步的阴暗面

还有更大的危险。当我们想到人工智能时，容易在脑中想象到一幅画面，要么到处都是温顺的仆人，要么到处充满了恶毒的主人（你选哪一种），或者是埋在防御性碉堡中的巨型计算机大脑。没有什么能像面目狰狞的半机械人那样惹你生气了！但这只是我们拟人化的偏见，不胜枚举的好莱坞电影误导了我们。真正的危险来自像成群的昆虫一样、由分散式的小型人造劳动者组成的军队，以及存在于云端远程服务器中没有实体的合成智能。人们很难为自己无法看见或感受到的威胁而担心。**工业革命早期的卢德派** [①] **至少还可以毁掉夺走他们工作的织布机，但是你如何才能回击一个手机应用呢？**

智能洞察

现代政策制定者们正在为长期失业和经济失调的根本原因而发愁，但是可以肯定的是，这种现象背后有一个至今还没有得到充分重视的原因，那就是加速的科技进步。信息科技的进步已经在疯狂地割据实业公司、抢夺个人的工作，这种速度远远超出了劳动力市场的适应能力，而且情况还会越来越糟。资本正在以一种全新的方式取代劳动力，并且新财富正在被不合比例地分配给已经富裕的人。

通常，对这种现象的反驳是：提高的生产力会增加财富，并让所有人都水涨船高地跟着受益，而且新的工作会涌现出来，用来满足我们增长的欲望和需求。对于总体和平均情况来说确实如此。但是如果你想得更深，就会发现这并不意味着我们会过得更好。

对于劳动力市场和全球变暖来说，事实不是最重要的，节奏才是。现在的工人可能既没有时间也没有机会来掌握这些新岗位所需的技能。如果只有一小撮超级富有的寡头拿走了大多数的财富，而其他人的生活则相对贫困的话，那么平均收入就没有任何意义。如果财富增加会让水涨船高，但也不过是抬高所有的游艇，湮没所有的小船。

---

① 卢德派（Luddites）是19世纪英国的一群技术熟练的纺织工人组成的团体，他们抗议工业革命带来的机械化。后来泛指那些反对技术进步和产业调整的人。——译者注

为了重新解构这场进行中的政策辩论，在第 1 章我将向你展示必要的基础概念。同时为了揭示和剖析这种看似神秘的魔法，我会解释为什么你对计算机的大部分看法都是错误的。**如果你不知道现在正在发生着什么，也就无法完全理解在未来很有可能会发生的事。**接下来我会针对那些最严重的问题给出切实的解决方案，比如我们如何延伸法律系统才能对自治系统进行管理和行为追责。

但是到目前为止，经济后果才是我们即将面对的最严重的问题。一个简单而明显的解决方案就是在富人和穷人之间重新分配财富，但是这在现今的政治环境中是不可能的；而且这样的方式也没有解决问题的根本，就像是为了防止沸腾而在锅里乱搅一样。我会提供一种可以应用于自由市场解决方案的替代框架，从而解决我们制造的内在结构性问题。

未来的工作没有雇用

失业将会成为一个严重的问题——但是令人惊奇的是，失业的原因并不是因为缺少工作机会。真正的问题在于，完成工作所需的技能会快速发展，如果劳动力的培训方式没有重大改变的话，那么技术改变的速度会远远超过劳动者的适应能力。我们现在的教育和工作的顺序系统——先上学、然后找工作，曾经没什么问题，那时候为了谋生，你在整个工作生涯中只需要重复做差不多的事情就可以了。

但是在未来，这么做可不行。

HUMANS
NEED NOT
APPLY

人工智能的未来

A Guide to Wealth and Work in the Age of
Artificial Intelligence

抵押你未来的劳动力

未来工作的本质变化得非常快，就在你觉得自己走在前面的时候，其实你掌握的技术可能已经被淘汰了。我们现今的职业培训系统在很大程度上仍然是古老的学徒制和契约性的劳役，这样的系统需要重大的现代化改革。为了应对这个问题我将提出一种新型金融工具，"工作抵押"（job mortgage），这种抵押由你的未来劳动力（挣取的收入）作专有担保，就像你的住房抵押是由你的财产专有担保一样。没有工作怎么办？工资会在一段合理的宽限期之后暂时停发，直到你找到下一份工作。

在这个系统中，雇主和学校就有了动力用新的方式合作。如果你具有特定的技能，雇主会发出没有约束力的雇用意向书，如果他们最终雇用了你，就会获得一定的税收减免。这些意向书对于工作抵押出借方也具有同样的意义，就像是房产评估对于房屋抵押放贷人的意义一样。培训机构需要根据赞助雇主的特定要求来制定课程表，这样做既是为了贷款条件，也是为了让学生报名。如果有人给你开出更好的工作条件，你就不会提前接受其他特定的工作，但是至少你可以欣慰地知道你掌握的技能在市场上是受重视的。作为结果，这样的体制还会向劳动市场引入新型的反馈机制和流动资产，而自由市场的规则会将其贯彻始终。

人人股东时代

我们面对的最大的社会挑战在于如何在不断增长的收入不平衡中取得控制权。我会提出一种客观的、受到政府认证的公司所有制方式，我将这种方式称为公共利益指数（public benefit index，PBI），该指数作为各种项目的基础会让社会更平稳地前进。能够通过公司成功而受益的股东数量将决定公司的赋税，在以资产为基础的经济中我们可以将赋税水平倾向于有广大公众参与的公司。但是对于普通人来说，哪有钱来购买资产呢？首先，他们拥有的比你想象的要多，他们有养老基金和社会保险——只是他们自己不知道，因为一个由受托人组成的不透明系统代替他们管理着财富。我们需要提高这一系统的能见度，让人们对自己的储蓄金拥有更大的控制权，并以激励的方式把资产导向高 PBI 的公司。这样做还有一个附带的好处：社会稳定。如果人们知道自己就是本地百货商场的股东的话，那么想要在这些地方闹事和抢劫的冲动将会大大降低。

我们不需要劫富济贫，因为经济不是一成不变的；经济一直在扩张，而且其发展速度很有可能会加快。所以我们需要做的仅仅是把未来发展的收益分配得更加广泛，而问题最终会慢慢消失。根据 PBI 精心设计的税收鼓励项目、组合透明度以及增加的个人资产调配控制，我们将获得一种在财富越来越集中的浪潮中避免翻船的方法。

未来是《星际迷航》，而不是《终结者》

那么我们选择的领导者为什么不能更好地评估现状从而采取正确的行动呢？因为当你看不见时就无法驾驭，当你无法发声时就无法讨论。随着科技发展，未来可能会出现各种情况，而现在我们的公共讨论缺乏能够准确描述这些场景的概念和模型，更别说找到合理的解决方案。

让一切顺其自然——就像 18 世纪晚期和 19 世纪早期工业革命时

期的做法，这是一场危险的赌博。虽然人均收入会大幅度增加，但是在经济转型的持续期，这样的改变会造成数不尽的人类磨难。我们可以忽略即将来临的风暴，因为最终一切都会好起来，但是在到达"最终"之前还有很长一段时间。如果现在我们没有远见，也不采取任何行动的话，那么我们可能会在接下来的半个世纪或更长时间内用贫穷和不平等惩罚自己的子孙后代，只有为数不多的幸运儿能够幸免。大家都喜欢玩彩票——直到失败者出现。我们不能在无所作为的情况下坐等输赢结果。

硅谷创业者的圣杯就是对所有行业进行破坏——要想挣大钱就得这么做。亚马逊垄断了书籍零售市场，Uber 重击了出租车行业，Pandora 取代了收音机。几乎没有人会注意到随之而来的对于生计和资产的破坏，因为没人有动力去关注。而实验室酝酿的新技术正在让世界各地的投资者兴奋起来。

本书的目的就是帮助你运用知识工具、道德基础以及心理架构来武装自己，从而成功地在这些挑战中生存。无论我们最终是会变成愿意用最后一毛钱赌出一片未来的绝望乞丐，还是会变成为自己创造而生的自由思想艺术家、运动员与学者，任何结果都和我们在未来 10 年或 20 年内将要实施的公共政策有很大关系。

当然，很多天才和有思想的人已经为最近的科技发展带来的风险敲响了警钟。有些人通过生动的故事来表达[3]；还有一些人通过经济学家的分析技巧来实施影响[4]；而我的目的则是在这场越来越壮大的合唱中加入不同的声音，提供一位科技创业者的见解。

虽然灾难连连，但我仍然是一个乐观主义者。我相信我们能够编织出一个永远和平和无限繁荣的未来。我真心相信世界会成为《星际迷航》,而不是《终结者》①。最终,这场新技术带来的海啸会在一个无与伦比的时代中掠过, 这个时代自由、便捷、快乐。但是如果我们不紧紧握住方向盘, 旅程必定将充满艰辛。

　　欢迎来到未来,而未来来自过去。

---

① 《终结者》系列电影讲述了未来人类和机器对抗的故事。人类研制的全球高级计算机控制系统"天网"全面失控,机器人有了自己的意志,将人类视为假想敌,并发射核弹到地球的各个角落,杀死了几十亿人。——译者注

第一部分

HUMANS NEED NOT APPLY

人工智能时代大冲击

A Guide to Wealth and Work in
the Age of Artificial Intelligence

01.

从『仆人』到『颠覆者』，人工智能的反叛

人工智能时代已经来临

HUMANS NEED NOT APPLY

A Guide to Wealth and Work in
the Age of Artificial Intelligence

————————

给计算机以数据，够它用一
毫秒；授计算机以搜索，够
它用一辈子。

————————

1960 年，IBM 意识到了自己的问题。4 年之前，在 1956
年夏天的一场大会上，一群顶尖学者汇聚在一起讨论如
何制造一台"模拟人类各方面智能"的机器。这些年轻气盛的科学家
们耗时两个月时间，在雄伟的佐治亚尖塔和郁郁葱葱的达特茅斯学院
花园里进行头脑风暴。这次活动的组织者曾大胆预言："如果我们精
心挑选出一组科学家在一个夏天内通力合作，至少一个关于计算的问
题将会获得重大推进。"[1] 他们达成共识的事儿也许不多，但是通过此
次活动，他们却一致认可了"人工智能"这一概念，其中一位提出者
正是活动的主持人——数学家约翰·麦卡锡。这真是个性急的年代！

IBM 顺从的机械仆人

在这场严肃的讨论中，似乎没有几个人注意到大会乐观的目标完
全没有达成。但是这并没有打击到他们表达自己对新生领域的热情。
他们的预言很快就被以大众兴趣为导向的出版物如《科学美国人》和
《纽约时报》等选作头条新闻。[2]

大会组织者之一的纳撒尼尔·罗切斯特（Nathaniel Rochester）同时也是 IBM 沃森研究中心（Watson Research Lab）的明星研究员，他被发掘为 IBM 初期人工智能研究的领导者。但是随着他的团队在计算机程序上的研究（即下象棋和证明数学定理的程序）公诸于世，投诉的声音开始在一个谁也没有想到的领域出现了。

传说中的 IBM 明星销售团队关注的唯一重点是把最新的数据处理设备卖给产业界和政府。销售人员因为其好胜的策略和能够平息所有异议而出名，而这样的销售团队在给 IBM 总部的报告中说，其他公司的决策者们对于在人工智能上投入的努力能走多远疑虑重重。取代备忘录和寄送账单的低级办事员是一回事，但当 IBM 推荐给经理和主管们的计算机可能有一天会威胁他们自己的工作时，就是另一回事了。

为了迎接这次挑战，IBM 的内部报告建议公司应该停止所有关于人工智能的研究，同时关闭罗切斯特的新部门。[3] 可能也同样是为自己的工作而担心，所以 IBM 的管理成员不仅实施了这些建议，还给自己的销售人员传授了一句简单的回应："计算机只能按照编好的程序工作。"[4]

这句简单直接的话是半个世纪内传播最广的文化模因之一。在世界范围内，IBM 在装有特殊空调的"计算机室"的活动地板上安装了"潘多拉的魔盒"，而这句话巧妙地去除了人们对于神秘而多彩的魔盒的担心。没有什么可怕的：这些电子大脑只是顺从的机械仆人，它们会盲目地听从你的指挥！

程序员以顺序、按部就班的处理方式工作，他们把问题分解成更加容易管理的部分（即"结构化编程"），从而让问题更容易得到解决，可能在今天也是这样。计算机曾经是一种单片电路设备，它从有限的内存中加载数据。把两台计算机连起来，也即网络，是闻所未闻的事情，更别说接入在别处产生和储存的大量信息了。大部分程序可以被形容为"做这个，然后做那个"指令的顺序事件。反反复复。

计算机可以自动成为一个专家吗

虽然这个领域的目标很崇高，但是那时的人工智能程序加固了这种范式。跟随着创始人指定的方向，人工智能早期的很多努力都专注于通过把逻辑公理串起来从而获得结论，这是一种数学形式的证明。其结果就是，引人关注的领域通常都从属于逻辑分析、规划、定理证明以及解决谜题。这些"玩具"问题的另外一个优势在于，它们并不需要接入大量来自真实世界的杂乱数据。几乎可以确定的是，在当时，这样的数据压根儿就不存在。

在当时的背景下，这些努力可能曾经被看作扩展计算机用途的下一个里程碑。最初我们对于机器的构想是一般用途的计算器，比如在第二次世界大战期间以军事目的构建的弹道学表；IBM已经成功地偃武修文，不仅把类似的技术应用到了数字上，同时也用在了处理字母、词语以及文件上。人工智能研究者只是进一步把可以被处理的数据类别扩展到任何类型的符号上，这类符号包括早已存在的符号，也包括因为特殊目的而新发明的符号，比如下象棋。最终，这种风格的人工智能被归纳为符号系统法（the symbolic systems approach）。

但是早期的人工智能研究者很快就遇到了一个问题：计算机似乎没有强大到可以完成很多有趣的任务。研究计算理论神秘领域的形式主义者认为，建造更快的计算机并不会解决这个问题。无论计算机有多快，它也无法驯服所谓的"组合爆炸"（combinatorial explosion）问题。用按部就班的分析方式解决真实世界的问题时，总会遇到精疲力竭的情况，就像是一座城市的大片土地上都在大兴土木的时候，城市的供水水压自然就会下降。想象一下，如果你想找到从旧金山到纽约的最短行车路线，而你的方法是测量每一条你可能会走的路，那么你也许就没法出发了。甚至在今天，现代的地图 App 也不是用这种方式给你导航的，可能你也已经注意到了，这些 App 给你指的路有时并不是效率最高的。

接下来几十年的人工智能研究可以被形容为对于逻辑合理的问题的处理，随着问题变得越来越复杂，编程的方法很快就变得过时了。很多努力都转向了启发法（heuristics）研究，这种方法可以被粗略地解释成把问题减小到可管理程度的"经验法则"。基本上，你需要在可用计算能力的范围内尽量多地寻找答案，但是当情况变得严峻时，你需要根据法则来绕过那些浪费时间的无用备选方案。这个过程被称为"修剪搜索空间"（pruning the search space）。

阶段性的辩论爆发了，争论的重点在于这些程序中的智能究竟存在于哪里。"启发编程"的研究者们很快就意识到，重点并不在于对答案的机械搜索，也不在于把逻辑命题串起来的过程，而在于用于修剪搜索空间的规则。

大多数规则来自问题所属领域的专家，比如象棋大师或者医生。专门采访专家并把专家的技能融入到人工智能程序的程序员被称为"知识工程师"（knowledge engineers），最终生成的程序被称为"专家系统"(expert systems)。这些程序肯定是朝正确的方向又进了一步，但是很少有程序能够解决真实世界的现实问题。

所以这自然就会产生一个疑问：**专业的本质是什么？专业从何而来，计算机程序可以自动成为一个专家吗？** 显而易见的答案就是，你需要大量的练习以及很多和相关案例接触的机会。一个成熟的赛车手并不是生来就具有把汽车开到极限速度的能力，艺术大师也并不是抱着小提琴出生的。但是，你如何才能让计算机程序从经验中学习呢？

神经网络，让计算机模拟人脑

一小组边缘人工智能研究者从一开始就认为模仿人类大脑功能可能才是最好的方法。他们认识到"做这个，然后做那个"并不是为计算机编程的唯一方式，而且大脑似乎采取了一种虽然不同，但是更加灵活的方法。问题在于，我们对于大脑知之甚少。另外，大脑中还包含很多以复杂方式连接的细胞，这些细胞被称为神经元，它们彼此之间交换着化学信号和电信号。

研究者们在计算机上模拟了这种结构，至少是以一种非常基本的形式。他们把同一个程序复制了很多份，以模拟神经元的结构：神经元会接收一束输入信号，同时也制造一个输出信号，再重复这个循环。研究者们用这些程序组成不同的网络层，把底层的输出接入到高层的输入。这些连接经常都用数字表示权重，0 可能意味着没有连接，而100 则意味着强连接。这些程序的精髓在于其自动调整权重的方式，程序会根据出现在网络底层输入端的示例数据而作出调整。研究者只需要提供尽可能多的例子，然后拉动开关在系统中上下传导这些权重，直到系统能够稳定下来。[5]

根据人工智能研究者喜欢人格化的癖好，他们把这些程序称为"神经网络"（neural networks）。但是这些程序是否真的能够像大脑一样工作并不是重点：它只是另一种编程方法而已。

对于人工智能来说，符号系统法和神经网络的最大区别在于，前者需要程序员预先定义符号和逻辑规则来组成问题的论域，而后者则仅需要程序员提供足够的示例。一种方法是告诉计算机如何解决问题，另一种方法则是给计算机展示示例，告诉它你想让它做什么。这听起来不错吧，但是在现实中，这种方式并不见效——至少刚开始时是这样。

最早在神经网络方向的努力之一来自康奈尔大学的弗兰克·罗森布拉特（Frank Rosenblatt）。1957年的时候他把自己的程序化神经元称为"感知机"（perceptrons）。[6]他展示出，如果有足够的训练，一个由他的感知机组成的网络可以学会识别（或分类）输入信号中的简单图案。问题在于，就像符号系统程序一样，其结果主要是对于"玩具问题"的证明。所以很难评估这种方法的最大潜力，而且罗森布拉特的研究主张也触怒了一些友好的学术竞争者，特别是在MIT。

两位MIT的杰出研究者接受了这场挑战，他们发表了一篇影响很广的论文，证明如果在特定方面受到限制，感知机网络就没办法区别特定的输入信号，除非最底层至少有一个感知机和下一层的所有感知机相连，看起来这是一个严重的缺陷。[7]但是在现实中，却并非如此。实际情况中，稍微复杂一些的网络就能轻松克服这个问题。但是科学和工程学并不总是以理性的方式前进，只不过是一个能够被证明并且指出感知机有局限性的建议就让整个方法蒙受质疑。很快，大部分研究资金（同时还有研究进度）就枯竭了。

机器学习，一个失败者的逆袭

至此，比较熟悉这个领域的读者可能会认为我在复述一个陈旧的历史故事，这个故事的结局是一个失败者的逆袭：20世纪90年代和21世纪初，我们见证了这种老技术的回潮，同时还伴随着具有说服力的成果。这些程序被重新包装为机器学习和大数据，同时也因为先进的架构、技术以及对统计学的利用而变得更加强大，这些技术开始在真实照片中识别物体、在口语中识别词语，还能识别以其他任何形式呈现出一定模式的信息。[8]

但是除了"研究者想到创意→创意被推翻→创意赢得世界"的故事之外，还有另外一个更深刻的故事。和今天的情况正好相反，机器学习在20世纪晚期没有能力和符号系统法一争高下，这种现象的背后还有一个重要的原因。我们通常所说的信息技术，特别是计算机改变了：既不是一点点改变，也不是很大的改变，而是发生了彻头彻尾的改变，今天的计算机从根本上说和50年前的已经完全不同了。

这种变化的规模之大，让我们很难想到任何有意义的类比。"指数级增长"（exponential growth）这个词总被不准确地到处使用，但很多人并不理解这个词的真实含义。指数级增长其实很好定义——随一个固定数字的幂的变化成比例改变的数量，但是人的大脑很难理解其中的意义。100、1 000、10 000（10的幂），32、64、128（2的幂）都是容易理解的例子。但是这些数字很快就会大得令人难以置信。只需要继续重复上述例子中的运算80次，得到的数字就比估算的整个宇宙中的原子数量还要大。

至少在之前的半个世纪，计算的重要指标如处理速度、晶体管密度以及内存等，差不多经过每 18~24 个月就会翻倍，而这就是指数级增长（2 的幂）。在计算机革命的开始阶段，没人能够断言这些机器的能力会在一段时期内实现稳定的指数级增长。英特尔的联合创始人戈登·摩尔（Gordon Moore）在 1965 年就注意到了这样的趋势（即摩尔定律）。而且令人称奇的是，这种模式除了少数几次波折之外，直到今天仍然没有减弱的迹象。[9] 这样的趋势可能明天就会结束，就像忧虑的行业观察者们在过去几十年中警告的那样。但是到目前为止，其发展势不可挡。

你可能在毫不知情的情况下经历了这个无与伦比的成就。你的第一部智能手机可能存储空间很大，有 8G 的内存，对于当时来说已经算是一个小小的奇迹了。两年后，如果你想升级的话，可能会扩充到 16G 内存，然后是 32G，再然后是 64G。世界没有终点，你的手机现在的内存是 3 次升级前的 8 倍，而价格却没怎么变。但如果你的车百公里油耗是 6 年前的 1/8，比如百公里油耗为 1.2 升，你可能就会注意到这样的变化了。

人工智能的力量
HUMANS
NEED
NOT APPLY

如果你在接下来的 10 年内，每两年升级一次手机，很有可能你 10 年后的手机会拥有 2T（2 000G）内存。如果百公里油耗有同样的改进，那么你的车百公里油耗将低到 0.04 升。你用 3 升汽油就可以在纽约和洛杉矶之间往返，然后车还有足够的油去亚特兰大过冬，到了那只要再加上 3 升油就够了。

想象一下，像这样的百公里油耗会如何改变生活。汽油相当于免

费了；而石油钻探几乎会停滞；航空公司和海运公司会争先恐后地采用最新的超节能引擎技术；包裹递送、货运、机票以及消费品的成本都会大幅下降。这种极快的变化速度正是计算机行业所在经历的，这种变化的次级效应正在改变世界各地的商业和劳动力市场。

当你的手机有了 2 000G 的存储空间时，又意味着什么呢？让我们作个类比，你的大脑含有 100 个"G 神经元"（我们并不是说 20 字节的计算机内存可以和一个神经元一样强大，但是你应该领会到了其中的意思）。那么在 10 年或 20 年内，从理论上说，你的手机很有可能会拥有和你的大脑同样强大的处理能力。今天，我们甚至很难想象能用这样的能力来做什么，而这样的情景离我们并不遥远。

对我的孩子来说，这个故事就像一个絮絮叨叨的老人讲述过去的故事一样。但是对我来说，却是我自己的故事。

1980 年冬天我在斯坦福大学过寒假，帮助斯坦福国际研究院（SRI International）的一些研究者建立了一个程序。这个程序可以根据数据库回答用英语提出的问题，虽然这个系统的语言能力和今天相比还很初级，但是团队的领导者加里·亨德里克斯（Gary Hendrix）却已经用这个演示筹集到了风投的资金，他给这家新公司起了个很有智慧的名字：Symantec。

我几乎与世隔绝地在地下室里待了两个星期，拼凑了一个可以支撑这个项目的灵活的数据库架构。亨德里克斯借给我一台当时最先进的个人电脑——Apple II。这台无与伦比的机器可以储存软盘上的信息，还支持最高 4.8 万字节的内存。换个角度理解一下，Apple II 可以存储时长 1 秒 CD 音质的音乐。与之相比的是，我今天携带的手机有 64G 的容量，可以容纳长达 12 天 CD 音质的音乐。我手机的内存是那台 Apple Ⅱ 电脑的 100 万倍，而价格只有它的零头。

100 万倍意味着什么？想想蛇爬行的速度和国际空间站在轨道中行进的速度，而这两者之间的倍数只有 50 万。我现在打字的这台电脑的计算能力比 1980 年整个斯坦福大学人工智能实验室的计算能力总和还要强得多。

我们可以比较今天的计算机和过去的计算机的处理能力和内存，而网络的发展甚至都无法被有效地量化。1980 年时，网络的概念几乎不存在。互联网协议（Internet Protocol）——也就是我们今天称为 IP 地址的基础，在 1982 年之前还没有实现标准化。[10] 今天，上百亿台设备几乎在一瞬间就可以分享数据，例如在你每次做演示以及打电话或发送信息时。持续增长的不同类型的海量数据存储在各种设备上，而你通过互联网就可以访问它们。

这难道不令人惊讶吗？

蠢蠢欲动的新一代智能手机

这些变革对于人工智能不同方向的研究成果又会造成什么影响？在某一时刻，数量之间巨大的差异变成了质量上的差别。虽然从每天甚至每年的角度上看，进步是渐进式的，但是计算机的进化史肯定发生了质变。你可能已经想到了，机器能力的巨大差异可能需要不同的编程技术。让蜗牛快跑的方式肯定和加速宇宙飞船的方式不同。

最初的符号系统适合于那个时代的计算机。因为那时几乎没有可用的计算机可读数据，也没办法存储任何大容量的数据，研究者们煞费苦心地采访专家从而获得精炼知识，他们利用手工方式打造了那个时代的人工智能。他们的关注点在于建立寻找解决方案的有效算法，因为有限的处理能力无法与他们的雄心壮志相匹配。

替代前者的神经网络（如今更多地被称为机器学习）试图从示例中学习，对于早期的计算机来说，这种方法需要的内存和数据太大了，以至于无法展示出有意义的结果。当时没有足够大的示例源可以供给程序，而且就算有足够多的数据，你能模拟的"神经元"数量也远远不够，所以除了学习简单的图案之外，也无法处理任何其他信息。

但是随着时间流逝，形势发生了逆转。今天的计算机不仅可以表征几十亿的神经元，而且拜互联网所赐，还能轻松接入海量可以用来学习的示例。和过去不同，采访专家并把他们的智慧硬塞进内存模块和处理器中已经不再重要了，与今天的系统相比，过去的系统小得可怕，而且极其缓慢。

人工智能时代 HUMANS NEED NOT APPLY

智能洞察 HUMANS NEED NOT APPLY

这场技术革命的重要细节很容易被忽略。其到今天，专业机器学习程序的前途似乎无法限量。程序正在变得越来越聪明，而它们的聪明程度和接触到的示例数量成正比，同时，示例数据的体量也在逐日增大。机器不再依靠人来一点点地编纂和供给它们所需的见识，也不需要人来告诉它们如何解决问题，今天的机器学习系统的能力快速地超越了它们的创造者，它们解决的问题世上应该没有任何人能够应付得了。正如一句谚语，稍加改变后对于机器同样适用：给计算机以数据，够它用一毫秒；授计算机以搜索，够它用一辈子。

在大多数情况下，机器学习程序的创造者可以通过窥视其复杂并不断进化的构造来理解或解释这些系统知道什么或它们如何解决问题，就像我观察你的大脑然后试图理解你在想什么一样。这些程序在解释自己做什么以及怎么做上，虽不比人类专家强，但它们就是知道答案。**对于机器学习系统最好的理解就是，它们发展出自己的直觉力，然后用直觉来行动，这和以前的谣言——它们"只能按照编好的程序工作"，可大不相同。**

我愿意很高兴地告诉大家，IBM 在很久以前就明白过来，开始在企业使命层面上接受人工智能的潜力并且认识到了人工智能的价值。在 2011 年时，IBM 超级计算机沃森参加了益智问答游戏节目《危险边缘》（*Jeopardy!*）展示了 IBM 的内部专业能力，挑战了该节目的世界冠军肯·詹宁斯（Ken Jennings）并最终取得了胜利。IBM 现在正把这项胜利扩展到更广阔的研究项目上，并且已经在该领域创造了属于他们自己的标志性术语：认知计算（cognitive computing）。没错，整个公司都围绕着这个创举开始重新组织。

值得一提的是，IBM 的超级计算机沃森已经接入了两亿页内容，这些内容需要用 4T 的内存来存储。[11] 从我现在写作的时间开始，3 年之后，你可以用 150 美元在亚马逊买到 4T 容量的磁盘存储器。再往后两年，价格很有可能是 75 美元左右。或者如果你能等上 10 年，大概只花 5 美元就能买到了。无论如何，我们可以确信，沃森的后代将会成为你身边的智能手机。

02.

机器人，疯狂扩散的新「病毒」

全面接管人类的工作与生活

HUMANS NEED NOT APPLY

A Guide to Wealth and Work in
the Age of Artificial Intelligence

历史上第一次机器人暴走事件可能就发生在 1972 年一家离波士顿不远的实验室里。

马文·明斯基（Marvin Minsky）① 是 MIT 人工智能实验室联合创始人、主任，他曾提议，也许某一天医生可以远程控制机器人手臂，为病人实施外科手术。但是他需要一个实际由电脑控制的手臂才能实现这个想法。于是他给在斯坦福大学的朋友约翰·麦卡锡打电话，麦卡锡就把自己的研究助手借给明斯基帮他完成这个计划。维克托·沙因曼（Victor Scheinman）是一位机械工程方面的青年才俊，他很快就设计出了一个原型，这个原型就是后来第一个在商业上获得成功的电脑控制手臂 PUMA（可编程通用装配机械手）的设计基础。[1]

---

① 马文·明斯基，人工智能之父，人工智能领域首位图灵奖获得者，他在创建、塑造、促进和推动人工智能方面扮演了核心角色。推荐阅读明斯基首度被引入中国的重磅力作《情感机器》，该书首次披露了情感机器的6大创建维度。该书中文简体字版已由湛庐文化策划，浙江人民出版社出版。——编者注

理论虽然不错，但现实却在拖后腿。PUMA 手臂很沉重，也很难控制，必须要固定在桌子上才能稳定。一天，可能是由于编程错误，这个手臂开始前后振动。随着冲量越来越大，桌子开始剧烈地晃动，后来竟然开始随着手臂的摆动在房间中颠簸行进。一个在实验室工作的倒霉研究生一开始没有注意到这个新生的移动机器人正在靠近他。当他终于注意到的时候，已经太晚了——他被逼到了一个角落里。这个机械"虐待狂"毫不留情地靠近他，他蹲伏在地并大声呼救。正当他即将成为"历史脚注"的时候，一个同事冲了进来制止了这个控制手臂，才结束了这场闹剧。[2]

有机器人的地方，便是"杀戮地带"

人们倾向于认为，大部分人工智能系统和特殊的机器人类似于人类的大脑和肌肉，虽然可以理解，但是这样的想法却是很危险的。长期以来，人工智能领域一直在利用我们对于人格化对象（看起来像我们或者行为像我们）的自然喜好，因为它们可以吸引人的注意力或吸引投资。但同时这样的对象也会误导人们，让人们相信机器比它们实际上更像我们，并进一步假设它们有理解能力并会遵守我们的社会习俗。**如果我们对于这些系统是如何工作的没有深入理解的话，如果我们只拿人类作为可用范例来解读结果的话，那么我们非常有可能会把人工智能视为像人一样的存在。但是，它们不是人。**

在《危险边缘》中露脸的 IBM 超级计算机沃森就是一个例子。让系统"说"出自己的回答实在是没有什么技术理由，更别说还要弄出一个带有旋转亮光的像头一样的图像以显示机器的大脑正在思考问题。这些东西只是对一个伟大技术成就的次要装饰。没有几个人发现其实沃森根本没有在听《危险边缘》的线索：当亚里克斯·特里贝克（Alex Trebek）开始说话的时候，文本就立即输送给了沃森，这样它在"计算机时间"上就取得了先机，因为人类参赛者还在等待特里贝克把话说完。但是沃森的主要优势在于快速"抢答"，在收到"线索已完整"的信号之后的几毫秒内，它就可以按下抢答键，比人类所能做到的要快得多。沃森可以被描述成一个复杂的数据检索系统，我们也可以给它起一个听起来更有技术感的名字，但是那样的话沃森在电视上就不会有如此的吸引力了。

这种廉价的拟人化设定对于人工智能领域来说是一场灾难，我把其称为"AI 剧院"（AI theater），这种现象耗费了隐形的成本。就像把互联网称为"网络空间"一样，这个称呼暗示着互联网是一个和我们的法律法规相分割的领域，这种意识混淆了公众的理解，也因此阻碍了重要的政策议题和讨论。

所以当外表像人的机械附件开始在工厂车间工作的时候，人们很容易就会期望这些机器人的行为能和人类的社会约束有一定的相似性，比如不会随意打人。另外，正如所有人知道的那样，它们只会按照编好的程序工作。

可是问题在于，这些早期的机器人通常只会重复死记硬背的预定动作。如果你挡住了它们的去路，那么你就很有可能会被冲撞，甚至更糟。很快大家就明白过来，为什么美国职业安全与健康管理局（OSHA）在工厂作业安全中规定，必须把这些机器人当作新一代的加强版机器，而非能力不足的工人。在工厂和研究实验室（甚至包括MIT 的实验室）中，标准的操作是在机器人所在区域周围的地板上贴上亮色胶条，指示出"杀戮地带"，在这个区域中你不能在没有特殊防护措施的情况下冒险行动。在很多电影中出现过的巨大红色开关必须置放在关键位置，以防紧急情况发生。

自我进化，机器人的未来

工业机器人在过去的几十年中已经进步了很多，但是这些进步主要体现在对于机器人控制的精准性、机器人的力量和持久性，以及缩减的重量和成本上。一般来说，机器人的工作环境需要为其专门设计，而机器人不会主动适应环境。因为它们看不到、听不见，也感受不到周围的环境，这些环境必须要简单而且可预见。如果一个工业机器人手臂期待螺栓在某一时刻出现在某个位置上，那这个螺栓毫无疑问就必须出现在这个位置上，否则整个进程就必须重启。它们在工厂车间工作时不会像高尔夫球新手经常做的那样，乞求再来一次。

洗碗机也是根据同样的理念而设计的。每个碟子和杯子都必须小心翼翼地根据旋转臂的位置放置，而旋转臂不会不分青红皂白地喷洒着肥皂和水。**你必须适应机器人的需求，因为它不会顺从你的需求。**

我接受过的训练一直都告诉我要躲避这些危险的机械陷阱，所以当我回到斯坦福大学人工智能实验室的时候我感到极为震惊，因为我发现一个研究生正在和一个机器人进行一场模拟剑斗。[3] 机械击剑手不仅能追踪对手的动作并计划自己的移动，而且还能适可而止，从而避免潜在的致命攻击。他们邀请我参加这样的活动，对我来说这还真是一次难忘的经历。我可以指引机器人的手臂作出各种姿势，在我引导手臂作出动作之前，机器人就会尽职尽责地一动不动，就像是没有线的牵线木偶一样。

使之成为可能的是四种先进技术的汇聚。我已经讲过前两种——计算能力的巨大提升和机器学习技术的进步。第三个原因是机器人工业设计的改良。新的设计使用更轻量的材料和更复杂的控制机制，所以产品造成破坏的可能性更小，而且在遭遇没有预期到的障碍物时，可以马上作出回应（比如遇到人的脑袋）。

真正的突破来自机器感知领域。直到 10 年以前，解读视觉图像的程序都是一步一个脚印地缓慢发展。但是机器学习技术的应用以及更加复杂而昂贵的摄像机，使得该领域的能力得到了迅速增强。现在的程序可以通过检查图片和视频快速识别物体、人以及动作，并且以极高的准确性加以描述，例如"一伙年轻人正在玩飞盘"。[4] 当你的照相机在取景器中鉴别出人脸的时候，你可能已经见识到这种技术的原始例证了。

当然，同样的基础技术也可以用在各种各样的传感器上。系统可以通过声音，辨别歌曲；通过雷达和声呐探测，为海上的船只分类；甚至通过心电图或解读超声波，来诊断心脏疾病。

这四种科技的强大组合即将改变世界。同样，这一次我们也缺少足够的参照点来准确理解这种技术，但是要找到一个好的起点还是很容易的。今天的预编程、重复性机械设备就是未来机器人的原始先驱，**未来的机器人可以看到、听见、做计划，还能根据混乱而复杂的真实世界来调整自己。**简单来说，这些就是能够完成很多任务的机器人，而这些任务现在都需要由人手动来完成。

HUMANS
NEED NOT
APPLY

人工智能的未来

全能的机器人帮手

A Guide to Wealth and Work in the Age of
Artificial Intelligence

你可以买一个机器人来清理你的地板。与此同时，能够为花园除草的机器人、从货车上装卸任意形状箱子的机器人、跟着你为你拎包的机器人、收割庄稼的机器人，现在都已经处在商业研发阶段。事实上，这些机器人甚至能够选择只采摘成熟的水果。[5]不用多久，每一种你能想象到的任务都可以交由自动化处理：为内墙和外墙粉刷、做饭、递盘子、擦桌子、上菜、铺床、叠衣服、遛狗、铺设管线、清洗人行道、取工具、拿票、做针线活、指挥交通，等等。

我们还没有提到在工业上的应用，比如挑选和包装订单、存货和整理货架、焊接和切割、抛光、检查、组装、分类，甚至修理其他机器人设备。值得一提的还有军事应用，其中有一些绝对是让人无法忍受的噩梦。比如在接下来的 10 年内，差不多任何人——包括世界各地的极端主义者，没准都可以发动一群太阳能寻人机器人，这些机器人能钻入紧闭的门和通风井，并注射无痛剂量的致命毒药，然后它们还可以原路返回节省了人工取回的麻烦。另外，你还可以用同样的低价获得面部识别包，实现定点暗杀！随着对这些复杂的设备越来越习惯，我们将会允许它们进入更加亲密的场景，完成诸如剪发和传递信息这样的任务。机器人性工作者（我将在第 8 章中讨论）并不遥远，而且非常有希望成为最早也最赚钱的市场之一。

即使身处荒原，也有人在监视你

这场伟大的变革也包含各种超出我们对机器人一般理解的成分。

虽然这些设备中有一些是独立的，比如人形胆小鬼 C3P0（milquetoast humanoid C3P0）或者机械杂役 R2D2（mechanical factotum R2D2），但是这些系统没有理由非要具备行业中所说的"区域性"。也就是说，它们不用局限地存在于或作业于特定的一大片连续的物理空间。换句话说，它们可能不是传统意义上的机器人。

你可能会想，为什么你是你而不是我，与之相对的是，你和我为什么不是同一个有机体的两个部分。听起来可能有些奇怪，但是对于分享同一个心脏和消化系统的连体婴儿来说，也许就没有那么奇怪了。

要完成任何给定任务都需要一些资源和能力。这些资源都可以被粗略地分为四类：能源（工作的能力）、意识（感觉环境中相关形势的能力）、推理（规划并调整计划的能力）以及手段（真正完成某件事的能力，比如用手捡起东西）。原则上说，这里面的任何资源都不必放在同一地点。只是在实践中，组合在一起更有用。

你就是一个例子。因为生物自身无法远程传递或发射能量（据我们所知），所有的身体部件都需要贴近彼此。你的身体由细胞组成，细胞利用生物化学和电脉冲通过各种各样的导管和神经相连。所以你的眼睛（意识）之所以离大脑（推理）很近是有很好的设计理由的，同时你的脚处在腿（手段）的末端。更不用说你需要一个为所有这些资源提供动力的引擎，从食物（能量）中提取资源。

大约 120 年前，经过上百万年的进化之后，一件神奇的事情发生了：通过我们，生命突然发展出可以脱离区域性约束的方法。伽利尔摩·马可尼知道了如何利用电磁辐射（经常被称为无线电波）在没有明显物理连接的情况下远距离传递即时信息。托马斯·爱迪生明白了如何能通过电线以相对低廉的价格，用电的形式移动能量。

我们仍然在试图弄明白这一切最终都意味着什么。[6]我的个人观点是，从整个电气工程、电子学、无线电、电视、互联网、计算机，以及到目前为止的人工智能的历史上看，我们仅仅是在为这些新发现的现象探索利用之法，而这些发明也仅仅是人类最初笨拙的尝试。但是有一点可以肯定：就像生物进化的缓慢过程一样，我们并不是能够利用这些现象的最好角色，而机器是。

在出生后不久，我们通过把世界解析成物体来理解世界，之后我们又把物体分为有生命的和没有生命的。对于与我们相像的有生命的对象——其他人，我们有一种特殊的好感。很多我们最高等的社会直觉，比如爱与同情，都可以被理解为自然对我们的鼓励，希望我们能以更加广阔的视角看世界，而不仅仅局限于眼前利益。如果你关心的只是下一顿饭在哪里，那么为什么不去咬给你喂食的那只手呢？

当关系到你眼下生死存亡的事物触手可及，并且具有明确的物理界限时，把周围的事物看作一系列的物品是一种整理自我世界的好方法。要想理解看不见、快速移动或者扩散的事物则难得多，比如辐射云或者你在互联网上的声誉。我们的高速公路要了很多动物的命，因为它们都没有探知到两吨重的金属威胁从路上呼啸而过。同样，我们甚至没有词语能够用来讨论即将发生的科技变革。综上所述，我们在所谓的信息高速公路上面临着毙命的危险。

话说回来，机器人感受世界的方式又有什么不同？它们身上没必要非得长着眼睛和耳朵。与之相反，它们更加需要的是在相关环境中遍布的传感器网络。如果能把你的耳朵和眼睛分开到以米为单位的距离，你的深度知觉以及定位声音的能力会大大提升，更不用说如果你能任意增加面向不同方向的传感器的话。举个例子，自动化的枪击监控系统在定位枪声方面就会比警察强很多。

同样，坚持把机器人集中到一处来工作的方法是完全没有意义的。机器人可以由一些不相连且可互换的执行机构、引擎以及工具组成。最终，协调和驱动这类机器人的逻辑将随处可见，比如在内华达州的沙漠内领航的远程无人机也可以在阿富汗投放"地狱火"导弹。

摆脱了不便的区域限制之后，机器人会变成什么样呢？不幸的是，由于我们的自然历史所限，答案不得而知。

HUMANS
NEED NOT
APPLY

人工智能的未来
————
你的机器人粉刷匠

A Guide to Wealth and Work in the Age of
Artificial Intelligence

·042·

人工智能时代

HUMANS NEED NOT APPLY

以机器人油漆工为例。我们很容易就能想象到一个人形机器人爬在梯子上挥舞着刷子，和它旁边的人类同事一起工作的场景。但是这种装置更有可能是以一组飞翔的遥控飞机中队形象出现，每个遥控飞机上面都配备有喷雾嘴并牵引着一袋颜料。无论是因为强风还是其他因素，遥控飞机都能迅速而精确地调整彼此之间的距离，以及它们和木板外墙之间的距离。当个体机器人供给不足时，它们就会飞到涂料桶处自动注满并充电，然后再回到最需要的位置上。分散安装在项目周边的一系列摄像头会持续监测这群飞翔的小家伙，并且评估工作的进度和质量。真正指挥这场"机械芭蕾"的设备甚至不需要出现在现场。它可能就是厂商在亚马逊云上租用的所谓"软件即服务"（SaaS）。[7] 为什么在一星期只使用几小时的情况下，还非要冒着被雨淋的危险弃机器人而不用呢？

你的特许粉刷匠可能仍然在为这些酷炫的装备偿还贷款，他出现后就架起摄像机，在平板电脑上的 App 中标记目标区域，打开涂料桶，然后启动遥控飞机。整个房子可能只需要一个下午（而不是一个星期）就可以粉刷完毕，而费用只需要今天人工费用的零头。在这种系统成型的初期，工人可能仍然需要预处理表面、铺罩布单，但是当产品工程师升级了系统并添加了部件之后，这些工作就没有必要了。

听起来可能有点像科幻小说，但事实就是如此。这种应用所需要的所有技术都已经存在，只差一些足智多谋的企业家来实现这种产品了。当然，相比于粉刷房屋，还有很多在多样地形环境中的任务等待我们完成。想象一下一个由太阳能发电以及热追踪装置组成的移动野外灭火器，它们可以在森林地面上穿行自如，有策略地把自己安置在热源地区，并且由国家林业局的服务器来指挥。

HUMANS
NEED NOT
APPLY

人工智能的未来

集群机器人与自动驾驶汽车

A Guide to Wealth and Work in the Age of Artificial Intelligence

展望未来的同时也植根于现在的科技，想象一下灭火器缩小到昆虫的大小，它们可以藏到自己挖好的迷你散兵坑中，等待行动指令。当被召唤时，它们可能会把自己组装成保护性圆顶或者毯子，用于保护周围的家园、基础设施、人。关于这些概念的研究已经很活跃，它们也终于获得了专有名称：集群机器人（swarm robotics）。

预想中的自动驾驶汽车总是独立而自主，但是现实的情况却相差甚远。汽车和路边传感器的标准已经接近完成，它们可以通过无线网络来分享信息，本质上会成为一个由眼睛和耳朵组成的连通系统。依赖于美国联邦通信委员会（FCC）对专用于汽车应用的"专用短程通信技术"（DSRC）的射频频谱的资源分配，美国交通部与其他机构一起正在开发所谓的V2V（汽车对汽车）通信协议。同交通管理系统和能源管理系统融合之后，你的未来汽车肯定会成为公共交通系统的具体表现形式。这个综合而灵活的系统将实现集中监测和管理，就像是你的手机可以被理解为一个巨大通信系统中的一个元素一样。

随着传感器、反应器以及无线通信的不断进步，它们肯定会从视野中消失，就像是曾经的计算机技术——我还记得当年拿起一块计算机内存就可以真真切切地看到每一个比特（称为"磁芯存储器"）的情境。今天，如果我们能将电脑内存在物理上和其他元件相分离的话，我们会发现千兆字节的电脑内存就是一个邮票大小的黑色扁平长方体。

有一天当你走在一片原始荒原时，幸运的你可能并没有注意到你眼前有一个巨大的网络、大量的自组织和协作设备正在维护这个环境，同时也在照看你（或者监视你），就像你在参观迪士尼乐园时那样。

最终，很多领域只剩下对信息的操纵，比如金融系统、教育机构以及娱乐媒体。而完成必要工作所需的能量、意识、推理以及手段可能都能在电子领域中找到，完全不受空间限制。需要的数据可能即刻就能从世界各地搜罗到，任务可以随意转移，只需要在最方便的地方行动就可以了，比如，找个正在营业的证券交易所。

智能洞察

我想说的是，可能当我们认为机器人是物体，而程序只是一系列写出的指令时，它们其实只是相同现象的不同表现：用电能来完成工作和处理信息。我们虽然还不习惯于理解和体验这种正在起作用的新魔法，但是我们却正在被它们所影响。

社会趋势剧变：未来更像过去

另一个无法避免的趋势可能看起来有些奇怪：**科技将倾向于联合化和简单化。** 当生物在不断生根发芽的"生命之树"上增殖和分化时，相对应的机械"生命"却反其道而行之。

比如在过去，你可能需要为你的车配一个 GPS、一台照相机、一台录像机、一台 CD 机，更别说还需要一部手机了。今天这些小配件及其市场已经消失殆尽，它们都被智能手机这一经济设备所取代，就像是一把电子版瑞士军刀，因为它们在共享技术组件上很类似。

回到野外，美国国民警卫队很快就会意识到上面描述的这种消防系统同样可以用于搜索和营救任务，而自主灭火器就是机械圣伯纳①。海岸警卫队可以把这种灭火器换成机器救生员，通过波浪产生的动能来充电，等等。

典型的（以及被误导的）关于未来的概念中充满了各种神奇的装置，它们为特殊目的而设计，能完成所有小事，但是事实恰恰相反。

---

① 圣伯纳犬（St. Bernards），一种役用大型犬。在瑞士有悠久历史，曾在瑞士阿尔卑斯山区的圣伯纳救济院中负责引路和救护，有救活 2 500 多人的光荣纪录。——译者注

我家厨房的橱柜中散落着很多不常用的工具，每个都是专门用来完成某种任务的：蒸馏咖啡、加热汤、开罐头、做果汁、煮蛋——它们还仅仅是需要用电的小装置。橱柜中还装满了各式各样的手持工具、厨房用具，从压蒜器到螺丝锥。更别说那些用来洗碗、保藏食物、制冰、压缩垃圾以及做饭的大电器了。

HUMANS
NEED NOT
APPLY

人工智能的未来
————
A Guide to Wealth and Work in the Age of
Artificial Intelligence

人造劳动者，让繁杂的厨房器具成为过去

想象一下人造劳动者取代所有这些器具的场景：如果需要切洋葱，它可以从可选配件箱中拿到需要的部件；它可以站立一整天洗盘子——我们不需要再按照架子的要求把盘子放进那个挥舞着手臂的傻机器中，也不用再忍受它浪费肥皂和水的工作方式；在两顿饭之间，它可以剥瓜子、制作冰激凌、擦亮银器、软化牛排。不止这些，它还可以清洁地板、铺床，甚至还能给婴儿换尿布。如果气候允许的话，它或许还能在后院种植食物呢！

人造劳动者可以完成以上所有的工作，而它只需要中世纪厨子所需要的最原始的设备。我想说的是：**未来看起来会比你想象中的更像过去。**我们的生活也许会更加复杂，但因为我们身边出现了由无形的科技低调掌控的各种全能而多变的设备，生活会比今天看起来更简单。人造劳动者来袭，它们会真真正正地席卷工作场所并帮你完成杂务。你可以把你的老式洗碗机都扔掉了。

如今，科技在复杂性和多样性上的趋势只是昙花一现的分支——

一场由电力驱动的现代寒武纪生命大爆发 ①，只不过这次演化的终点将停留在尚未成型的机械动物门。

我们很容易就能理解，有能力完成体力劳动的分布式机械系统是如何改变和扩展，然后进入家庭、企业以及环境中满足每日需求的。但是要理解同样的趋势会对我们的商业环境、知识环境以及社会环境造成什么影响，则要困难得多。

亚马逊通过把常用功能聚合成一个统一的系统，取代了从书店到鞋店的一切；谷歌把图书馆、报纸以及企业名录，汇聚到一个组织化的综合体下；Facebook 则把明信片、照片分享、邀请函、感谢信、温馨提示以及庆贺等全部无缝地融入到一幅完整的社会图景中。

我们的大脑只能注意到可以看得见的危险，但是不可见的事物可能同样危险。科技在发展的道路上有些自相矛盾，同时进行着增殖和合并，而且我们并不适合研究结果，更不用说预测未来了。上面所描述的趋势——灵活的机器人系统，有独立行动能力，分布广泛，能够跨越物理和电子领域，并且在超乎寻常的距离内以超越人类的速度交流着。它可以让自己消失于无形并神奇地根据需求进行自组织——虽然容易被忽视，但却有着病毒一样不容小觑的力量。用叶芝的话说："它的时刻终又来临，什么样的巨兽缓缓地，走向伯利恒 ② 去投胎？" 8

---

① 寒武纪生命大爆发（Cambrian Explosion）被称为古生物学和地质学上的一大悬案，自达尔文以来就一直困扰着进化论等学术界。大约 5 亿多年前，在地质学上称作寒武纪的开始，绝大多数无脊椎动物门在寒武纪开始后几百万年的时间内出现了。——译者注

② 伯利恒（Bethlehem），巴勒斯坦中部城市，相传为耶稣的诞生地。——译者注

HUMANS NEED NOT APPLY

A Guide to Wealth and Work in
the Age of Artificial Intelligence

随着计算机技术的进步，工程师有了新的编程方法——了不起。然后呢？当你第一次被机器人抢劫的时候，你就会开始关心了——很有可能你已经在不知情的情况下经历过了。

重要的是数据，而非程序

1980 年时，我在斯坦福大学的一位研究生朋友大卫·肖（David Shaw）有点儿为自己的博士笔试担心。我告诉他，根据我的经验，努力学习肯定没错，但是考前的最后一天应该放松一下。所以我们去帕洛阿尔托广场电影院观看了《夺宝奇兵》。最后，他取得了很好的成绩，也完成了论文，之后接受了哥伦比亚大学计算机科学助理教授的职位。

几年之后当我去拜访他的时候，他正致力于一个非凡的项目：为了加快处理速度而重新设计计算机，他把线性连续计算打散成小任务，让小任务在多个处理器上同时执行，然后再把结果统一成答案。[1] 他在项目中的目标是提高数据库查询的处理能力（这个基本概念在今天被称为 "MapReduce" [2]）。

到了 1986 年的时候，大卫·肖已经清楚地认识到，作为学术和研究命脉的政府研究基金，已经微薄到不足以实现他的愿景了。所以他一路向南，从晨边高地（Morningside Heights）来到华尔街。摩根士丹利（无论是过去还是现在都是首屈一指的投资银行）的掌权者很赏识他的能力。据传闻，他们给他的薪水是他做教授时的6倍。[3]摩根士丹利需要大卫·肖的技术来完成一项新的秘密商业计划：利用计算机来买卖股票。那时的华尔街，用计算机来处理股票交易已经是很平常的事了，但是选择买卖哪只股票却还不常见。曾经这是只能由人来做的事，因为大家都知道，计算机只能按照编好的程序工作。但是，摩根士丹利的预言家们可没上当。

计算机不仅仅能够通过开发者设计的算法去买卖股票，人们也越来越清楚地意识到，计算机的交易速度比人类快得多。摩根士丹利很快就认识到，只要在正确的时间完成正确的交易，把决策过程从实体世界转移到电子世界会让他们获得决定性的先机。在今天，程序化买卖被称为高频交易（HFT）。频率有多快？如果你按下购买股票的按键，然后尽你最快的速度按下卖出股票的按键，你差不多能在0.1秒内完成这两次交易。今天的高频交易系统可以在几乎相同的时间内完成差不多10万次交易。用大卫·肖的专业知识设计的超高速电脑正是他们所需要的。

加入摩根士丹利让大卫·肖意识到一个根本的真理：**虽然比对手交易得更快是一种优势，但是真正的挑战在于快速分析世界金融市场上奔腾不息的数据流——而摩根士丹利拥有距离"河流"最近的位置。**

这种洞察力并不唯一。斯坦福大学的人工智能研究者和很多其他精英中心，都得出了同一个结论：**真正的战斗在于数据，而不是程序。**

所有业内人士都意识到，统计和机器学习技术才是当下用来淘金的最好工具。当他的前同事正忙着到处搜罗能够利用的真实世界数据时，大卫·肖却已经在不经意间栖居在主矿脉的顶端。10 年之后，《财富》杂志引用了他的一句话："金融真的是一个绝妙而纯粹的信息处理业务。"

赌场永远是赢家

大卫·肖很快就不再对他的新赞助者抱有幻想。我只能推测这是因为他们对计算机的理解还停留在人类交易者做决定的方式上，而大卫·肖有个更好的想法：**让数学家和计算机科学家自由发挥，把统计和人工智能应用到任何可以变化的东西上**。在刚刚加入摩根士丹利 18 个月之后，他毅然辞职，开创了自己的投资银行：D. E. Shaw，最终他获得了充满赞赏的华尔街昵称："宽客之王"（King Quant）。他的老板们可能认为他已经疯了。

因为大卫·肖和其他人采用的真实技术出了名的神秘，所以通常故事到了这里就会有一种雾里看花的感觉，关注点仅仅在于崭新铸就的财富和位于度假圣地汉普顿斯的宏伟宅邸。但是让我们再仔细来看一下。

大家都知道，在证券市场赚钱的方式就是低买高卖（虽然顺序未必如此）。高频交易的第一步就是找到本应是单一价格、实际却并非如此的股票或商品。用大卫·肖能理解的话说，这是一种非标准化的数据。当你在逛街时寻找最低价格时，你体验的就是非标准化的数据。原则上说，如果信息能够自由流动，那么在任何地方，同一物品都只会有一种价格，并且是它最好的价格。

现在，最简单的高频交易形式就是找到一个时间点，在这个时刻可以用不同于通常交易的价格买进或卖出同一证券。价格应该总是相同的，但是事实却并非如此。真实价格每时每刻都在变动，说不准谁又在哪一刻、哪个交易市场以什么价格卖出了股票。当价格出现了瞬间分歧，高频交易程序就能同时低价买进再高价卖出，在没有任何风险的情况下把差额装入腰包。

人工智能的力量

HUMANS
NEED
NOT APPLY

这些细微的扰动对于人类交易者来说并不重要，因为他们不够快，无法在这种短暂的波动上占到便宜。但是计算机能。所以高频交易程序可以在价格变得标准化之前，瞬时截取不到一分钱的差价。事实上，正是买进和卖出的行为造成了价格的平衡。在世界各地的市场上每秒钟完成 10 万次交易，这笔钱可不是小数目。

但是拿到免费的钱的机会更大，也更微妙。证券打包的形式和目的都有着细微的区别。比如，你可以买入能在 30 年后返还的国库券，或者你可以买入 20 年后返还的国库券。原则上说，这两种国库券的现值应该与一个简单的可预测的方程式密切相关。但是有时并非如此，且差别就在不到一秒的时间内。如果你探测到异常，并且把赌注压在即将到来的结果上，那么你马上就能赚到钱。

另外，你不需要每次都正确，只要正确的次数比错误的多就够了。每个单笔交易都可能包含一定程度的风险，但概率法则可以保证，总体来说，如果交易向你倾斜，你就肯定能够获利。赌场永远是赢家。

现在我们把以上这些运用到世界各地的市场上。很多看似独立的价格其实都是相关的。如果东南亚出现了干旱，那么糖的价格可能会走高，同时会影响瑞士巧克力的价格。但是要小心——巧克力的价格也可能会被南美洲可可豆的价格下跌所影响。人类交易员致力于变成研究这些问题的专家，但是没人能比得上合成智能的能力，它们既能观察到大趋势，也能察觉到小模式。

让机器把钱归还失主

这是我最喜欢的一个例子：购买预付费电话卡的数量是非洲某种农作物收成的指标，因为观察农作物生长趋势的个体农民，准备着联系潜在的买家，他们越乐观，通话时间就会越长。在这个竞技场中，最新的一击使用了所谓的"情感分析"（sentiment analysis）。没错，这种情感就是——投资银行用程序在网上搜寻关于产品和公司的好评和差评，然后根据此信息做交易。

通常针对所有这些行为的辩护是：高频交易程序为社会提供了服务，它们只是帮助市场减少了不便。但是这么说却粉饰了一个黑暗的事实。虽然它们确实让金融市场变得整洁漂亮，但是却掩盖了一种深层次的成本。通过把风险转嫁给他人，它们污染了金钱的河流，就像是便宜的洗衣粉污染了我们的排水沟一样。什么风险？当你要买进或卖出的时候你不会得到最佳价格，因为有人介入了你的交易。

原则上说，高频交易程序平衡市场的功能也可以由公共利益系统来处理，他们可以通知买家和卖家别处还有更好的价格，所以每个人都可以从这条信息的价值中获利。事实情况是，所有利润都流向了这些系统的创造者和运营者。确实，最有动力来解决这一问题的应该是交易所本身，但是它们却因为大量的交易而获利了。所以任何以飞一样的速度交易的人或物，都能让生意兴隆。很多零售商提供"低价"，从而确保买家不再货比三家，而是迅速购买。为什么这样的慷慨不能延伸到证券上呢？

拿高频交易程序来说。想象一下，如果在你所在城镇有一位热情的企业家，他发明了一种跟着人到处走的隐形机器人，当有人不小心把硬币掉到地上时，它就悄悄地把硬币藏起来。企业家可能会劝说城市管理者批准这个应用，因为这样能保持人行道的清洁。人行道肯定是干净了。但是相比于把钱都交给企业家，对于公众利益最有利的情况难道不是让机器人把钱的一部分或者全部都交还给失主吗？

如果要减少高频交易程序的金融影响，有一个简单的方法，就是对信息请求收取少量费用，也就是买入和卖出（报价）的请求。[4] 从历史上说，人们手动请求当前的"报价"，所以询问数量本身就是有限的。但是计算机生成的请求把一切都改变了。在高频交易程序执行的每个交易中，程序可能都会发出上百万次报价请求。如果一般的交易只能净赚一分钱，但是每次报价会花费千分之一分钱，那么这就是个赔钱的买卖了。[5]

第二种方法是延迟所有交易一秒钟，无论对于人类还是计算机。这么做对于个人交易而言只会增加非常小的风险，因为你不能确定已经在你前面排队的交易会不会稍微改变价格，从而影响你执行交易时的价格（以此类推，你也不能肯定是否有其他机器人已经捡起了硬币，让你空手而归）。[6] 对于人类生成的交易，这项额外的风险几乎可以忽略不计。但是对于高频交易的预期值来说，影响却不容小觑。一个短暂的人工延迟也会减慢或停止当下为了减少交易延迟而进行的不可思议的军备竞赛。[7] 通过斩断高频交易机会的尾巴，这种方法对于消灭高频交易的严重弊端有着显著的成效。

政府监管者喜欢高频交易清理后干净、运转顺畅的市场。对于高频交易造成的巨大的财富转移，他们是恭敬的，甚至是健忘的。开车经过纽约北部的富裕地区，我们就会了解一个故事。古雅小镇周围的优雅房产中，大部分都住着投资银行和对冲基金的合伙人。确实，大卫·肖正在建造占地约为 3 530 平方米、坐落于黑斯廷斯村的庄园，造价达到 7 500 万美元。[8] 与此同时，在东哈莱姆①标地买一个糖棒只需要几美分。可是谁又会在乎呢？

我们需要理解，这种精英艺术的实践者并不是恶棍。他们只是把自己惊人的智慧和技巧用在了我们这个社会认为最具物质奖励价值的技艺上。虽然雄心勃勃的公诉人不无得意地向公众展示了数量庞大、货真价实的华尔街罪犯和骗子正在笑语欢歌的景象，但是绝大多数投资银行家都是正直的人，他们尽自己的努力来过上更好的生活。我可以以个人名义担保，大卫·肖绝对是这些人中的一员。一个勤奋、有想法、有天赋的人在任何专业领域都是可遇而不可求的。他正从事的具有开创性意义的蛋白质研究项目以他的名字命名，另外他还有很多博爱的捐助，这些都让他成为一位不折不扣的国家级人才。

证券交易的公认目的不是让某些人富起来，而是通过优化和高效分配资金流促进商业发展。但是掌控当今市场的合成智能，让这个使

---

① 哈莱姆（Harlem）是美国纽约市曼哈顿岛东北部的黑人居住区。——译者注

命蒙受了质疑。内森·迈耶·罗斯柴尔德（Nathan Mayer Rothschild）是传说中的银行家族在 17 世纪时的族长，他很重视这项公民责任：他不仅资助了抵御拿破仑侵略的威灵顿公爵军，还包括很多其他公共事业，而且和传说相反的是，他在收到公爵关于滑铁卢战役胜利的早期通知后缄口不言，直到消息已经在其他投资者那里传开之后他才承认了这场胜利。他为的就是避免扰乱市场。

在今天这个连通的世界中，我们不能仅仅依靠杰出市民的优雅风度和慷慨赠予。管理我们最重要的金融机构的委员会缺少罗斯柴尔德的谨慎。但是，他们却有责任为股东的利益服务。我之后还会说到，适度地改变管理框架可以让事情重回正轨。

但是，乐园中正酝酿着更多的麻烦，这些麻烦马上就会找上你的电脑。

HUMANS NEED NOT APPLY

A Guide to Wealth and Work in
the Age of Artificial Intelligence

难道合成智能就不能友善点，
像正派的文明人一样吗？

为了窥视一眼未来，我们可以想想在 2010 年 5 月 6 日那个慵懒的下午所发生的事。那时，由高频交易程序发起的证券交易已经激增到了 60%！[1] 实际上，机器而非人类，已经成了市场的主体。你在 E*Trade 上买的 100 股谷歌股票只是这场永不停歇的暴风雪中的一片雪花，它的作用仅仅是出于礼貌地延续你的错觉，让你以为自己真的可以分享美国梦。

就在下午 2 点 42 分的时候，道琼斯工业平均指数在几分钟内相比于当日开盘价下跌了 1 000 多点，也就是 9%。超过 1 万亿美元的资产价值在 2 点 47 分的时候消失了。这是一大笔钱——其中可能包括你和我的存款、退休金以及对学校的捐款。交易大厅中，来自世界各地的愕然的交易者都不敢相信自己的眼睛。这就像是上帝亲自把锤子砸向市场一样。这肯定是某种可怕的错误吧？

当然不是。这是合法的高频交易程序造成的结果，它们所做的仅仅是完成任务而已。

美国证券交易委员会（SEC）为了搞清楚到底发生了什么，花了将近 6 个月的时间整理电子残骸。但结论却有些自相矛盾，而且结论本身就很有趣。问题起初源于一家大型共同基金公司（据传闻是堪萨斯州奥弗兰的 Waddell & Reed 金融公司）的投资经理，他用一种高度多样化（被称为 S&P 500 E-Mini）的形式下单卖出了一笔数量可观的股票。[2] 具有讽刺意味的是，Waddell & Reed 公司可以说是反快钱投资方面的艺术家。它著名的"基本面分析"投资方式与快钱投资恰恰相反，它用缓慢而系统化的方式买卖股票，并以股票代表的公司的业绩表现作为分析基础。

这位倒霉的投资经理并没有打算做什么非常规的事儿。他只是下了一个虽然很大，但是也很正常的订单——以实际情况许可的速度卖出了 7.5 万份合约，为了保证交易的顺利执行，该速度没有超过上一分钟交易额 9% 的上限。然后他就去忙别的事了。

问题在于那一刻，市场中没有足够的买家去购买这个证券，于是在无人看管的情况下，价格陡然下跌了。势头一旦形成，其他程序自动执行"止损"命令，愿意以任何价格卖出，这个比例的分母不断变大。

这仅仅是故事的开始。安装在全世界的高频交易程序中认真负责的安全警报拉响了。有些用来检测不正常市场波动的程序为了保护出资人的钱，开始尽职地以疯狂的速度平仓。这是一场在瞬间发生的、火力全开的电子银行挤兑。那些更加激进的程序感觉到了少见的机遇，闻到水中掺有的血的味道，把正在疯狂买进卖出的电子同伴当作逃跑的猎物，依照它们的专有算法进行着疯狂的交易，而算法所预测的这些丰厚的价差马上就会消失。因为这种空前的交易量，报告系统落后了，错误信息加剧了连环相撞。苹果的股价莫名其妙地升到了 10 万美元一股，而埃森哲咨询公司的股价则坠落到了特价甩卖区——每股

1美分。与此同时，在真实世界中的太阳依然照耀着大地，两家公司平静地处理着各自的业务。

在这个像好莱坞悬臂吊钩情节一样戏剧化的时刻，一个低调的组织通过一个简单的行动拯救了这一天。芝加哥商品交易所（Chicago Mercantile Exchange）对于纽约主流做市商①来说只是不入流的小角色，但是他们却在短短5秒钟内停止了所有交易。没错，也就比你读完这句话的时间长一点。虽然对你我来说这只是一瞬间，但是对于正在凶猛咆哮的暴走程序来说，却是永恒。这段时间足够市场喘一口气，同时也让高频交易程序重新进行设定。这场破坏一结束，正常市场力量回归，价格很快恢复到接近于几分钟前的价格。这场危及生命的龙卷风就像它来时那样，莫名其妙地消失了。

故事看起来有一个好的结局，但是事实并非如此。

我们相信相关机构能够保护好自己的血汗钱，这种信任就是金融系统的根基。没有任何专家或美国证券交易委员会的新闻稿能让我们重拾信任。这样的事情还会发生，在我们作出每个消费和储蓄决定的时候，都会记得这样的威胁。投资者们不能再高枕无忧，因为他们无法确切地知道，自己的储备金在第二天会不会依然完整并且继续增值。令人难过的是，这些钱的命运掌握在机器手中。

为什么有些网站总知道你想要什么

这样的电子战争并不局限于财政部门，它们已经开始涉足各式各样的领域，逐渐在商业全景图中成为标准部分。但是，你不用担心它

① 做市商（market maker）是指准备买卖未上市股票的经纪人。——译者注

们是否会波及到你家。因为它们已经做到了，只是以一种更加温和的方式。

在硅谷一个异常寒冷的冬日下午，我拜访了一位朋友，他在一家蒸蒸日上的名为 Rocket Fuel 的公司工作。该公司从次级发行获得了 3 亿美元的注入资金，其首席技术官马克·托兰斯（Mark Torrance）抽空见了我，并和我探讨了他们公司的业务。他的顾客对于他如何完成工作这件事完全没有概念，但是他们肯定喜欢工作的成果。这家公司没有给火箭做燃料——他们为家喻户晓的品牌购买网站中的广告位，他们的顾客包括东芝、别克、罗德与泰勒百货（Lord & Taylor）。听起来很简单。但是当你知道他们是怎么做的，你就不会这么想了。Rocket Fuel 把自己描述成一家"专注于数字营销的大数据和人工智能公司"。

你可能会想，当你加载网页的时候是谁决定你会看到什么广告。你可能假设这家网站的拥有者可能就是通过像 Rocket Fuel 这样的中间人，把网站的广告位卖给了广告商。但是事实远比这复杂。

当你加载含有广告的页面时，弹指间，一场蔚为壮观的战斗就打响了，各式各样的合成智能开始互相撕杀。从你点击链接到网页真正出现在屏幕上的约一秒钟内，上百个事务进程在互联网中激烈地搜寻你最近的行为细节，估算你会被其中一家广告商影响的可能性，并参与了一场在瞬息之间完成的电子拍卖，拍品就是让某件商品给你留下印象的权利（事实上每个单独的广告展示都被称为一个"印象"）。在这场电子混战中，Rocket Fuel 是持有最强火力的战士之一。

让我们先从基础开始。每当你访问一个网站，点击一个链接或者输入一个 URL 的时候，你加载的网页会提醒一个或多个你所访问网站之外的组织：你来了。这件事是怎么完成的并没有多重要，但是却能向我们展示互联网在历史上的学术根基，是如何因为商业目的而改作他用的。

你可能知道，一个网页其实不仅包含了其他网页的链接，同时也含有用于展示网页边界或"框架"内图片的文件。当网页加载缓慢时，你可能会注意到有一些单独的链接飞速闪过，通常都出现在浏览器窗口底部的状态栏。这些链接可能来自你正在访问的网站，但是它们也是从互联网的其他地方来的。每张图都有具体的大小，通常都以像素为单位。一个像素基本上就是图像中带有颜色和亮度的一个点。所以图像的像素越高，这张图也就越大、越精细。

在互联网发展的早期，有人机智地发现，网页上的图片可以只包含一个像素，而这个像素对你来说是不可见的。为什么要展示一个你看不见的像素呢？这就是目的。你虽然看不到，但是这个像素可能来自任何地方，具体来说就是来自一个想要记录你在何时何地访问过该网页的人。因为这个像素来自别人的服务器，所以他们自然而然地有了做记号的权利，这些记号通常都记录在你的硬盘上。它们都是非常小的文件并且有一个有趣的名字，叫作"Cookie"。你当然可以通过设置浏览器来避免以上情况发生。但是几乎没有人这么做，因为这会让很多网站的正常功能难以使用。同样，那个晦涩的网页浏览器功能"阻止第三方 Cookie"对于大多数人来说没有任何意义。听起来就像是有人在拒绝一份可口的零食一样。

这些 Cookie 中究竟有什么？通常来说没什么，就是一个以大数运算（Big Number）形式出现的唯一识别符。重要的信息保存在这个组织用来储存 Cookie 的服务器上。他们是不会把这么宝贵的信息托付给你的，因为你可能会不小心把信息分享给他们的竞争者。**你可以把这个识别符看成在你背上轻轻贴上的便利贴，只是这里的便利贴是电子形式的，所以当他们再见到你时就能认出你了。**

HUMANS
NEED NOT
APPLY
人工智能的未来

你是谁，不再重要

A Guide to Wealth and Work in the Age of
Artificial Intelligence

当你在网上冲浪，比如刷网页、点击链接、读文章、买东西时，他们还会再次遇见你，因为这些组织已经把像素放得到处都是了。所以他们能对你的习惯建立起非常全面的概况——你喜欢什么、不喜欢什么，你住在哪，你在哪买什么东西，你是否旅行，你有什么病，你读什么书、看什么、吃什么。但是就算是这些非常全面的描绘，却也忽略了一个重要的细节：你到底是谁。他们在不知道一个人的姓名、面貌或者其他辨认细节的情况下，就能建立起对一个人生动而详细的描写，只要你用的是同一台电脑。

现在你可能会想，为什么你访问的网站会让它的所有朋友把便利贴贴在你的背上。原因很简单：它会因此受益。**有时网站会因此获得有价值的信息：这些组织会根据收集的数据作出很多关于访问者的人口特征和个人特征的统计。但是更多情况下，你访问的网站想要在未来当你离开之后仍然向你展示广告。**而第三方储藏丰厚的跟踪数据恰恰能够帮助该网站实现这一愿望（当然，是以一定的价格）。

你可能会想，那些在网上追着你跑的组织到底是谁。有些是家喻户晓的公司，比如谷歌和雅虎；其他则是后起之秀，比如 Rocket Fuel。据马克·托兰斯估计，他们已经在大约 90% 的美国个人电脑上安装了 Cookie。要想明白这些 Cookie 的重要性，你需要理解交叉引用信息的力量。简单的事实本身并没有意义，但是结合起来就变得珍贵无比。根据这些信息，这些组织就可以把你分入到所谓的"亲密团体"，用来表明你对某种产品的偏好或购买某种产品的可能性。

　　举例来说，如果你在网上阅读素食食谱，你就比一般人更有可能尝试你家附近一家新开的瑜伽馆。有人在不经意间点开一个关于高尔夫假期的广告的可能性只有万分之一，但是如果你是男性的话，那么概率可能会提高到千分之一；如果你查找高尔夫大师赛的冠军的话，概率就会提高到百分之一。如果你观看了《暮光之城》（Twilight）三部曲电影全集，你就有可能购买该电影的原声，但是如果你同时也观看了《大都市》（Cosmopolis）和《漂亮朋友》（Bel Ami）的话，你可能就会购买刊登罗伯特·帕丁森（Robert Pattinson，他是所有这些电影的男主角）专访的杂志了。

　　或者更重要的是，如果你最近因为某个商品而访问了一个网页，但是最终没有购买，比如某种型号的跑鞋，那么当你近期再次看到展示该产品的广告时，就更有可能会有所回应。问题在于一旦你离开了卖家的网站，这些跑鞋的制造商就没机会再和你沟通了。所以这个时候，在你电脑中存储 Cookie 的那些组织就有用武之地了。当你在别的地方出现，比如在预定晚餐的网站出现，他们就会认出你就是上周寻找鞋的那个人，然后他们就会给你展示广告，用你感兴趣的提醒你。这种形式叫作"重定向"（retargeting），是当今最有价值的网上广告形式之一。

　　像 Rocket Fuel 这样的公司已经建立了精密的数学模型，用来预测你回应任何一个他们展示的广告的可能性，这些广告来自他们不同的广告客户。他们知道，从统计学上来看，你在这些广告主那里值多少钱。所以他们知道当你加载网页时，广告主为了在你面前展示广告，舍得花多少钱。

这就是合成智能大显身手的机会。让这些分析与时俱进，是一个非常复杂的任务，其复杂程度远超人类能力的极限。要想做好这件事，合成智能必须持续收集和分析海量数据。但是对于可以利用强大计算力量并使用庞大数据存储的机器学习系统来说，这种任务手到擒来。它们永远都在信息的河流里面筛选，在有价值的关联中淘金，在你下次访问页面的时候摩拳擦掌，不管那个页面在哪出现。问题在于，所有其他在你电脑上留有 Cookie 的组织的合成智能都在做同样的事。

它们中的每一个都代表了不同的广告主，每一个都预测了在一天中的不同时间、不同的浏览器上、不同页面的不同位置上，为你展示广告的不同价值。

那么，如果有人只是想通过售卖广告位来经营他的网站，情况会怎么样？除了少数几家最大、最成功的网站之外，向独立广告主售卖广告位是一种完全不切实际的行为。甚至向代表了很多广告主的中间商（比如 Rocket Fuel）售卖广告位也是一场噩梦。复杂的电子广告交易所已经出现了，它们的作用是基于实际价格进行拍卖，而拍品就是在你加载的页面上静悄悄地展示广告的权利。网站的运营者只是把自己可用的广告空间目录交付给广告交易所。随后，中间商也会参与进来，然后游戏就开始了。

当你加载网页时，网页会向广告交易所请求一个具体尺寸的广告。中间商直接开始对广告竞价，他们寻找在你的计算机上是否有他们的

Cookie。如果有的话，他们就会进行复杂的评估，来估算他们愿意为这次机会支付多少钱，考虑的因素包括他们过去和你的每次会面、你去过哪儿、你之前做了什么。他们还会考虑你现在正在访问的网站、你正在浏览的页面内容，以及你和他们现有的广告主进行交易的可能性。

这时候，事情开始变得复杂。中间商可能也会从其他公司那里购买了你的信息，而这些公司并不在广告投放业务中，但却同意有偿和这些公司分享你的 Cookie。即使网速像光一样快，也不可能完成多轮拍卖，所以每个竞价者会从名册中选择一个特定的广告，然后给出一个最好的报价。

竞价者还会告诉广告交易所它打算展示哪个广告主的信息，因为被放置广告的网站不想要特定的信息出现在页面上。比如，一个以孩子为服务对象的网站可能会拒绝针对成人的某些产品，比如赌场的广告，即使正在浏览网页的人是很有希望的买家也不行。或者一个糖尿病信息网可能不想展示关于甜点的广告。但是几乎所有网站都会拒绝展示竞争者的广告。最终，广告交易所会把机会给予出价最高者，但是仅收取出价第二高的费用（这是为了鼓励参与者给出最好、最高的价格）。

在花费了比人类第一次登月还要多的计算量之后，一个广告天衣无缝地出现在了你正在加载的页面上……为你的猫补充特殊维他命，从而抵抗猫白血病。好神奇！他们是怎么知道你刚养了一只猫的？

大打出手的计算机程序

在一次谈话中，Rocket Fuel 的 CEO 乔治·约翰（George John）向我指出了一件颇具讽刺意味的事：**说服的艺术（你可能有理由认为这是一种人类独有的活动）如果由合成智能来完成，效果会更好**。无数顾客在 Rocket Fuel 网站上评论，把广告预算花在 Rocket Fuel 上比他们亲自做要好太多。你可能已经注意到了我还没有谈到一个重要的问题：竞价者是如何知道对于广告主来说，展示特定广告的价值是多少的？答案在于，广告主有一个同样复杂而且完全平行的系统，当你针对他们向你展示的广告采取行动时，这个系统会反馈给中间商。这个动作可能是立即点击广告，或者在未来独立访问该广告主的网站。这种延迟行为被称为"浏览归因"（viewthrough attribution）。

CTO 马克·托兰斯向我展示了他的计算机在预测和影响客户行为上的非凡精准度。他向我展示了在你看了他们的广告之后，他是如何估算你在两周之内从他们的客户（一家主流国际快餐比萨连锁店）那里购买比萨的可能性的。在一张经过精心着色、被称为"网站点击热图"（heat map）的图中，他选择关闭了一个绿色的单元格，我可以看到一组精心选择的消费者，9.125%~11.345% 的人会在两周之内购买他们客户的比萨，甚至他们的客户自己都不知道这些人到底吃不吃比萨。随后由客户返回报告给他收到的实际数字是 10.9%。

在这个费力的过程中，各种各样的参与者并不都是朋友，形形色色的恶作剧和博弈随之而来。比如，在任何拍卖中获胜的出价者都知道第二名的出价，由此就能推断出很多关于竞争者的信息，比如追逐同一块空间的人是谁，以及其他组织愿意支付的价格。所以竞价组织们需要制定复杂的策略才能打败其他参与者，就像是专业的扑克牌玩家通过故意失手来估算别人的大小一样。

广告交易所的合成智能会管理所有出价，它也不是吃素的。它们学习每个出价者的策略并以此牟利，可能通过挑拣最好的交易机会，也可能通过让类似出价者互相竞争从而抬高价格。

既然在这个过程中投入了如此多的精力，你可能会想这些广告应该非常宝贵吧，但是事实正好相反。虽然这些合成智能在每场战斗中付出了艰辛的努力，但是通过广告交易所投放一条广告的价格却可能只有 0.000 05 美元。在广告术语中，这叫作千人成本（CPM）5 美分。单价虽然低，但这种交易的总量却是巨大的。

3 个朋友在 2008 年创立了 Rocket Fuel，就在我写作本书时，该公司市值已经达到约 20 亿美元。可能你已经猜到了，CTO 马克·托兰斯和 CEO 乔治·约翰都是在斯坦福大学学习的人工智能。

什么才是造成这场电子混战的根本原因？大打出手的计算机程序是为了在我们的金融系统中赌博，还是为了影响我们的消费者行为？难道合成智能就不能友善点，像正派的文明人一样吗？

答案出奇地简单。**这些系统是为了完成单一目的而设计的，它们不知道或者不关心其他副作用。**就像我会在下文中讲到的那样，这个电子竞技场中的交战对手没有任何理由对彼此施以怜悯，它们也不会为了想得到的东西支出任何高于绝对最低值的价格。与此相仿的是，它们会收取尽量高的价格，从而榨取可能的最大利润。

HUMANS
NEED NOT
APPLY

人工智能的未来

杀掉任何阻止它的人

A Guide to Wealth and Work in the Age of
Artificial Intelligence

虽然合成智能正在侵占越来越多原来只能由人类主导的领域，但是从整个社会的角度出发，它们的行为却变得越来越让人难以忍受：抢占其他人正在耐心等待的车位；在大风暴之前购买家得宝①货架上的所有电池；在等待红绿灯时阻塞轮椅坡道。

但是当这些系统变得更有能力且更自主之后，危险还会倍增。比如，想象未来一个人买了一台最新型的通用机器人私人助手，他让机器人把所有能力都用在努力成为一位世界上最成功的专业棋手上。这个人可能认为这个机器人会学习象棋大师，和其他棋手对战，然后跻身于各式各样的比赛。但是在不加指导的情况下，这个机器人可能会规划出更加可靠的策略，比如为了在比赛中甩开对手而威胁有可能成功的竞争者的家人，在更厉害的选手去往比赛的路上破坏他们乘坐的飞机，或者杀掉任何可能阻止它完成任务的人。3

我们对这些合成智能造成的潜在危险就无计可施了吗？答案更加微妙。我们需要控制合成智能（或这种情况下的任何电子智能体）为我们工作的时间和地点。在活动涉及人类智能体的情况下，这种需求尤为紧要。

我们经常依赖一条隐性的假设：我们在公平竞争的环境中合理分配资源。当 Ticketmaster 刚上线的时候，它极大地提高了购买音乐会门票的方便程度。（我还记得以前开车到最近的淘儿唱片②买票的情

① 家得宝（Home Depot）是美国一家家居连锁店。——译者注
② 淘儿唱片（Tower Records）是一家有着40多年历史的著名唱片连锁店，由美国商人拉斯·所罗门（Russ Solomon）于1960年创立。——译者注

景，这就是Ticketmaster用高科技的终端机介入的领域。而在Ticketmaster出现之前，当你想要听音乐会就要排长队然后还得碰运气。）但是在互联网上的Ticketmaster出现之后，线上音乐会门票一出现，黄牛就开始用程序来窃取这些门票。由于没有管理制度来解决这个问题，Ticketmaster开始尝试修复这一问题，比如要求你来解读这些被称为"验证码"的恼人脑筋急转弯，但是效果甚微，因为黄牛雇用了活生生的人类军队来破译这些代码。[4]

这里的问题并不在于你是否用智能体来买票。你帮朋友买票或者雇人帮你买票本无可厚非，但是当得到许可的电子智能体和人类智能体竞争资源时，问题就产生了。在大多数情况下，这违背了我们对于公平的直观感受。这就是为什么人类棋手和计算机棋手的比赛是分开进行的；这也是为什么让程序和人类一起参与证券交易活动是有问题的。而要想让这个魔鬼重新回到瓶子里很困难。

让魔鬼重回瓶子

排队是一种很不错的文化均衡器，因为这种方式让每个人花费自身的个人时间来承担等待的成本。这就是为什么当说客花钱雇人在国会听证会前排队的时候我们会感觉不舒服，因为这样做实际上压榨了普通市民出席听证会的机会。有人认为相比于穷人，排队对于有钱人来说花费更多，但是不要忘记一点：**我们不想让某些资源变成经济上可替代的商品**。这就是为什么在大多数文明的国家，购买/售卖选票或买卖肾脏是非法活动。

同样的原则如果被合理地广义化，可以应用在任何电子智能体和人类竞争的环境中——并不只限于排队。为了使用资源，参与者的能力或者支付的成本是否不同？这个问题需要就事论事地回答，但概念是清晰的。比如我为了避免罚单，让我的机器人每两个小时去挪一次车，或者让我的自动驾驶汽车自行去重新停车。如果考虑到那些没有机器人司机或者自动驾驶汽车的人，我这么做的成本和我亲自去停车的成本是相同的吗？如果我让机器人去做的成本和你让自己的人类行政助理去做的成本是一样的呢？

我认为，让合成智能为在你面前展示广告而大打出手，比让高频交易程序参与证券市场要公平得多。因为在广告的例子中，人类一般不参与竞争（虽然在互联网早期人类也参与），所以每位出价者的地位都更平等。

我们很容易就能看到老板的机器人有没有在帮他挪车。但是在其他情况下就没有这么容易分辨了，比如黄石公园露营地点对公众开放的那个周末，你想去露营，而一整排露营地都被某个人写的聪明程序预定了。**我们需要把这些概念纳入公共讨论中，然后才能在电子领域延续我们的公平感。现在，这片广阔自由的领域正被无边的黑暗所笼罩，招引着形形色色的欺骗。**

在合成智能一步步成为智能体的路上，还有更多微妙的问题急需解决。

第二部分

HUMANS NEED NOT APPLY

重塑社会，拥抱智能大未来

A Guide to Wealth and Work in
the Age of Artificial Intelligence

HUMANS NEED NOT APPLY

A Guide to Wealth and Work in
the Age of Artificial Intelligence

中世纪时，动物会接受刑事审判。记录在案的包括对鸡、老鼠、田鼠、蜜蜂、小飞虫、猪的起诉。[1] 那个时代和今天大不相同，人们认为动物能知道是非对错，也能依照原则行事，他们相信动物拥有所谓的道德能力（moral agency）。

关于道德行为体，一个被广为接受的定义是，道德行为体必须有能力完成两件事。他（它）们必须能感知到他（它）们行为后果中与道德相关的部分，而且必须有能力在行动方案之间作出选择。

有趣的是，这两个条件都与任何主观和先天的是非判断无关。而仅仅要求道德行为体必须能依照公认的道德标准来控制自己的行为，并且评估行为的影响。对于道德行为体来说，无论这个标准是不是发自自身的，无论他（它）们是否能理解标准后面隐含的道理，无论他（它）们是否同意，是否能"感觉"到正义和罪恶之间的差别，都无关紧要。

在这里，让我们拿精神变态者做个比较。他们完全或几乎没有移情能力或者无法对自己的行为感到后悔，但是很多甚至可能是大多数都很聪明，可以理解道德概念，也能据此控制自己的行为——只是他们不会对道德问题产生情绪反应。心理学家估计，超过 1% 的美国人口都是精神变态者。[2] 但是我们却并没看到每一百个人当中就有一个人随意犯罪。精神变态者可能会自己偷偷地想，有什么大不了的，但是他们知道自己应该如何表现，而且他们中的大多数人都能成功地接受现状，并且和正常人和睦相处。

在今天，我们可能会认为中世纪时动物也能犯罪的观点很可笑，但是对于道德能力的现代解读却早已不仅仅局限于人类了。

苏菲的选择

2010 年，墨西哥湾的石油钻井平台"深水地平线"经受了一次水下井喷。11 个工人死亡，大量石油污染了水域和沙滩。美国联邦政府刑事指控（而非民事指控）了这个石油钻塔的拥有者——英国石油公司（BP）。最终，BP 以 40 亿美元平息了这场诉讼，这样的赔偿远远多于大型民事处罚。

对 BP 的刑事起诉表明，具有道德能力的主体并不一定要具有意识或感觉。在我们的法制系统中，一家公司需要承担道德责任，而且负有刑事责任。也就是说，BP 应该更加明事理，并且有能力作出正确的事情从而避免事故发生，但是在这起事件中，BP 没有做到。公司和员工不同，它有责任对事件进行足够的控制，从而避免这类情况的发生。

现代法律理论接受了这个概念，人和公司都可以是道德行为体，所以可以被指控犯罪。那么合成智能呢？它也能满足承担道德责任的要求吗？

是的。

如果合成智能有足够的能力可以感知到周围环境中与道德相关的事物或情况，并且能够选择行为的话，它就符合作为一个道德行为体的条件。这些系统不用复杂到非得跨越这条似乎具有人类学意味的界限。比如一台割草机需要有能力看到它正要压过的是一个孩子的腿，而不是一根棍子，而且它也能选择是要停下来还是要继续。当然，问题在于它该如何"知道"在哪种情况下应该停止、在哪种情况下应该继续。如果没有某种方式的指导的话，我们不能指望它能通过推理作出正确的决定。

智能洞察

这个问题并非遥不可及。一场关于如何为自动驾驶汽车编程的智力辩论已经静悄悄地展开了。无论我们多么想努力回避这种情况，自动驾驶汽车都会轻而易举地产生具有道德挑战的应用情境，而这种产品几乎不可避免地将会出现在我们的视野中。你的自动驾驶汽车可以为了救你而碾压一只狗：很明显，在这种情况下你希望它这么做。但是如果它要抉择的是碾过一对老年夫妇或者撞倒一群正在过马路的孩子呢？如果要杀死你的孩子中的一个，是前座的那个还是后座的那个，你的"苏菲的选择"① 是什么？我们可以忽略这样痛苦的问题，但是忽略这种问题本身就是不道德的。

好吧，现在我们咬紧牙关用道德准则来编程。听起来像是一个工

① 出自美国著名作家威廉·斯泰隆（William Styron）的作品《苏菲的选择》（1979）。苏菲在第二次世界大战期间被关进奥斯维辛集中营，她总是会面临艰难的选择，第一次是选择让哪个孩子活下来；战后，她面临的第二次选择是选择与她共患难、但精神失常的内森，还是选择对她满腔爱意的文学青年斯汀戈——她选择了内森，最终却双双服毒自杀。"苏菲的选择"用来指代无法抉择的选择、不能选择的选择。
——译者注

程学问题，但是却没有这么简单。虽然我们为这个议题投入了很大的精力，但是专家之间却没有达成共识：这样的道德准则应该是什么样的。在几个世纪中，哲学家们为了决定什么才是最好的或者是可行的，已经建立了关于道德理论和伦理论证的重重阵地，然而这场争论直到今天仍然没有定论。

即使我们能在这个难题上达成某些共识，也没有理由能够确信这样的共识可以被轻松地简化为实践，并且用编程的方式来实现。在计算伦理学这个新领域中的一些研究者，正在努力用一种"自顶向下"的方式创造"人造道德行为体"。他们通过推理来选择和实现道德原则，然后建立试图遵守这些原则的系统（基于责任的规范伦理学）。而其他人则在追求一种"自底向上"的策略，通过向机器学习算法展示足够多的相关例子来获得答案。但是这种方法有一个明显的缺陷。和人类类似，机器也很难保证能够获得和实现符合要求的道德原则，更别说清晰地表达这些原则了。其他方法包括"基于案例推理"，它本质上就是通过把道德问题和一个由已知案例组成的目录（在相似的前提下）相关联来解决问题。**困扰这个新生领域的一个问题是，我们的一部分道德观念似乎是来自我们作为人类能够感受同情和怜悯的能力——我们本能地推论，如果有东西伤害了我们，那我们就不应该把这种痛苦施加给别人。**这条通往道德行为的捷径大概对于机器来说是行不通了。简而言之，我们还不知道如何指导工程师进行道德编程实践。[3]

逮捕那个机器人

除了机器道德能力的议题，我们还有一个问题：**当决策出现问题时，谁才是应该负责的人？**要回答这个问题，我们需要理解"当事人"

和"代理人"之间关系的法律理论。要弄明白这点，我们需要再回到 BP 的案子上。

相对于公司员工犯罪，你可能会想，一家公司怎么会犯罪呢？ 11 个人死在了"深水地平线"上，但是这并不意味着任何人玩忽职守或者参与了犯罪活动。正好相反，每个员工可能都完成了交付给他的职责，而没有任何一个人的使命是去杀死这 11 个人。

员工是公司犯罪的"手段"。以此类推，当你抢劫银行时，你的腿只是帮你走进银行的手段。你的腿当然不用承担刑事责任。但是，以上这两种手段有着很大的区别，你的腿把你送进银行，和"深水地平线"的管理者未能监测或纠正潜在的危险情况是不同的。管理者应该是公司的"代理人"，所以也潜在地肩负了一些责任。

代理人是一个被授权的独立体，在双方协定下，代表当事人的行为。你的腿既不是独立的组织，也没有在知情的情况下同意双方协定并且代表你来行动。而从另一方面说，BP 的员工是一个独立的组织，他们在知情的情况下代表 BP 在行动。

当代表你的时候，你的代理人具有所谓的受托责任，来完成你的意愿并且保护你的利益——但是有一定的限制。比如，你的代理人在知情的情况下代表你犯了罪，他也难逃法网。假定你明白自己是这个违法阴谋中的一部分，如果我雇用你杀死我的情敌，那么你对这场谋杀也负有责任。

但是如果一个代理人犯罪了，但是自己却并不知情呢？我说"这里，按这个按钮"，你照做了，然后炸弹在超级碗①引爆了。你是我的代理人，但是只有你在合理情况下应该知晓后果时，才负有责任。

现在让我们反过来看看。我们假设代理人在为当事人服务时犯罪，而并不知道。我让你去银行取 100 美元。你拿着枪去了银行，然后给出纳员一张字条，让他把钞票塞进纸袋中。你回来之后把钱给了我。那么，我该对你的偷窃行为负责吗？在大多数情况下答案是否定的。（我这里把问题简化了一些，因为假定无辜的组织如果从犯罪中受益的话，就算不知情也需要承担法律责任。）

对于在当事人 - 代理人关系中谁需要负责，或者更加确切地说，在不同组织相关责任不清晰时如何分摊责任，法律上的原则和判例有着悠久的历史。

在 BP 的案子中，政府的结论是，个体员工的行为本身并不构成犯罪，但是这些行为聚合之后就构成了犯罪。所以政府控告了作为当事人的 BP，因为 BP 具有充分而清晰的责任。

可以说，现代法律理论接受了这个概念：人和公司都可以是当事人和代理人，而且可以作为独立的主体被指控犯罪。那么，智能机器呢？当合成智能代表你行动的时候，谁该负责？你可能会认为答案很明显应该是你，在今天可能确实如此。但是这并不公平，而且在未来也很有可能会因为某些合理的原因而改变。

请考虑以下情形。想象你买了一台家庭机器人，它能从你的公寓

---

① 超级碗（Super Bowl）是指 1967 年以来每年一度的美国橄榄球超级杯大赛。——译者注

出发，从 10 楼坐电梯下楼，去马路对面的星巴克帮你买焦糖星冰乐。（这并不完全是科幻小说，这种机器人的原型最近刚刚在斯坦福大学进行了展示。）⁴ 这台机器人不仅被预编好了一套一般行为准则，而且还会通过观察它接触到的人的行为来加强自己的导航和社交能力。毕竟，习俗和实践需要因地制宜。可能在纽约，你和你遇到的女性握手是适当的行为，但是在伊朗，你和非亲属的女性握手是不被允许的。你可能不知道，你的机器人最近看到了一个小概率事件，一个善良的人在警察赶到之前制服了一个偷钱包的贼，这个人赢得了围观群众的赞许和钦佩。

在去买咖啡的路上，你的机器人看到了一个男人和一个女人扭打在一起，这个男人在她明确反对的情况下拿走了她的钱包。机器人根据自己的通用编程和具体经验推测有人正在犯罪，它把男人摔倒在地，一边控制住他一边拨打 911。

警察赶到之后，那个男人解释他和自己的妻子只是在互相闹着玩，争夺车钥匙，好决定由谁来开车。他的妻子证实了这个故事。他们把注意力转移到了你那好心但是倒霉的机器人身上。它尽职地解释说，它只是在你的命令下去买杯咖啡而已。这两个人愤怒地坚持要警察以伤害罪逮捕你。

你辩护律师的论点很简单：你没有做，是你的机器人做的。你因为相信这台机器人的设计而购买了它，并且依照说明书来使用它，所以卖给你机器人的公司应该为这起事件负责。

但是机器人公司也有律师，他们成功地辩护道，他们已经达到了所有合理的产品责任标准，并尽到了勤勉尽责的义务。他们指出，在上百万使用小时中，这是第一起此类事件。从他们的立场说，这只是一个令人遗憾但是却无法预料的特殊事件，与自动驾驶汽车开进了突然出现的污水坑并没有什么区别。

对这起事件的责任缺口感到困惑的法官寻找了以前的判例。他在南北战争前 17 世纪和 18 世纪的"奴隶法典"中找到了一个判例。[5] 在美国内战之前，各州和各司法管辖区保持了独立的（也是非常不平等的）法律体系，用来管理奴隶的待遇、法律地位以及责任。大部分情况下，这些法则把奴隶描述为具有有限权利的财产，他们在主人那里获得有限的保护。我们今天肯定认为南方种植园的奴隶是有意识的人类，他们和别人一样应该获得基本的人权，但是那时候并不是每个人都同意这样的评定。[6] 无论如何，这些法则不可避免地追究了奴隶而非主人的法律罪责，然后对之施以惩罚。

这起案件中的法官看到了奴隶（他是法律上的"财产"，但同时也有能力作出自己独立的决定）和机器人地位之间的相似性。所以他判定，在这起案件中合适的惩罚是清除机器人的记忆，从而清除它目睹抢钱包的经历，并且为了赔偿，机器人要交由受损方托管 12 个月的时间。[7]

受害者认为这是一个可以接受的决议，并且也愿意在接下来的一年中拥有一个免费而且顺从的仆人。你因为要暂时失去你的机器人的使用权而闷闷不乐，而且惩罚期过了之后你还得重新训练它，但这当然还是比因为伤害罪而去蹲监狱强得多。

于是，一系列新的判例和法律体系诞生了。

强制"失忆",最好的惩罚?

我们的法律没有要求道德行为体必须有人性或者意识,就像BP"深水地平线"案中表现出的那样。**相关实体必须至少有能力认识到自己行为的道德后果,并且能够独立行动。**回想一下,合成智能通常都配有机器学习程序,这些程序根据训练集的示例而发展出独特的内在表征。我使用这些术语,是为了避免使用拟人化语言带来的危险,因为我们还没有任何别的可以用来描述这些概念的通用词语。否则,我会简单地说,合成智能根据自己的个体经验来思考和行动,在这个例子中你的机器人就是如此,只是它想错了。它可能是你的法定代理人,但是既然你不知道它在干什么,那么作为它的委托人你也不用负责任,而它需要。

问题是,如果你认为合成智能可以犯罪,那你又该如何训导它呢?这起案件中的法官有效地惩罚了机器人的主人并给予受害者以补偿。但是,这对机器人就公平吗?

作为参考,我们可以考虑一下处置公司的方法。很明显,你不能用惩罚人类的方式来惩罚公司。你不能判处一家公司 10 年监禁或者剥夺它的政治权利。用 19 世纪末英国大法官爱德华·瑟洛(Edward Thurlow)的话说:"你怎么会指望一家公司有良心呢?它没有灵魂可以下地狱,也没有身体可以让你施以暴力。"

这里的关键在于人、公司以及合成智能都有一个共同点:一个目的或目标(至少在犯罪背景下如此)。一个人可以因为很多原因而犯罪,比如为了功利、为了不进监狱(自相矛盾),或者为了消灭情敌。而我们给予的惩罚也和目标相关:我们可能会剥夺犯罪者的生命(死刑）、自由（监狱）或者追求幸福的能力（比如限制令）。当公司犯罪的时候，我们却无法把它们关起来。

在这种情况下，我们会征收罚款。因为公司的主要目标是赚钱，罚款就成为一种对不良行为的有力震慑。我们也可以让合同无效，把公司驱逐出市场，或者让它的行为服从于外部监督，就像有时出现在反垄断诉讼中的案子那样。而在极端情况下，我们甚至可以剥夺公司的"生命"（也就是让它关门）。

智能洞察

HUMANS NEED NOT APPLY

不是所有犯罪者都要承受同样的后果。惩罚不仅要符合罪行，还要符合罪犯。惩罚一个合成智能需要干涉它达到目标的能力。这种做法可能不会像在人身上一样，造成情绪影响，但是对于我们法律系统如威慑和改造的目的来说却很管用。为完成使命而设计的合成智能，在遇到障碍时会为了达到目的而改变自己的行为。可能仅仅因为它自行看到了其他实例，就要为错误承担责任。

需要注意的是，和大多数大规模生产的产品不同，合成智能的示例并不等同，就像是同卵双胞胎并不是一个人一样。每一个合成智能都会从自己独特的经验中学习，并且得出具有自身特征的结论，就像前文伤害案件中的机器人那样。

我再举一个现代的例子，比如一个用机器学习算法实现的信用卡诈骗检测程序。它可能因为不小心把持卡人的种族考虑进来，或者独立发现了某些其他和种族相关的变量，就违反了反种族歧视法规。为了找到这种知识的源头而大动干戈是非常不切实际的行为，所以最终的惩罚可能就是删除整个数据库。

这可能听起来无伤大雅，但是事实并非如此。对于银行或者程序拥有者来说，这可能会造成极大的经济损失，因为这个程序多年以来根据上亿笔实时交易才调整好自己的性能。不难猜想，合成智能所有者为了避免这样的后果会据理力争。

让人造人拥有资产

强制性的失忆并不是干涉合成智能实现目标的唯一方法，我们还可以撤回其行动的权利。事实上，合成智能的使用许可与合成智能对自身行为的责任是相辅相成的。

比如，政府或保险公司可能会审批每一辆自动驾驶汽车，就像他们对待现在的汽车一样。对于那些管理医疗设备（属医疗器械范畴）的计算机程序来说也是如此。未来，我们可能会通过召回自动驾驶出租车的执照，或者删除自动交易程序上的账户凭证，从而撤回它们的权利。

合成智能可以被给予权利（比如以执照的形式），也会承担责任（比如避免损害他人财产），就像所有其他能够感觉、行动或作出选择的实体那样。处理此类问题的法律框架被称为"人格"（personhood）。

深夜喜剧①演员喜欢用已确立的法律原则"公司就是人"来取乐，比如"联合公民诉联邦选举委员会一案"（*Citizens United V. Federal Election Commission*，2010）。在这起案件中，美国最高法院确认了《宪法第一修正案》保护公司言论自由的权利。当然，这并不意味着喜剧演员的表演与这起案件等同——法官愚蠢地把公司和人划了等号。这

---

① 深夜喜剧（late-night comedy）是一种以短小的讽刺话题、电视广告的模仿为内容的电视节目，其特色是有一个现场乐队和一个流行文化名人的嘉宾做主持。——译者注

人工智能时代 HUMANS NEED NOT APPLY

只能代表公司有一些特定的权利和责任，而这在法律上简称为人格。[8]

HUMANS
NEED NOT
APPLY

人工智能的未来
————————
赋人造人以权利

A Guide to Wealth and Work in the Age of
Artificial Intelligence

公司和合成智能在功能上如此相像，为了使之前的案例（如机器人伤人案）更加合乎情理，法庭很有可能会制定合成智能可以是人造人（artificial persons）的原则。而之后的权利和责任也会随着时间不断完善。

这些权利中最重要的就是签订合同和拥有资产的权利。有争议的是，我们已经允许在交易股票或在线上购物时让基于计算机的系统签订合同，只是它们的拥有者是有合同约束的法律实体。

希望人造人拥有资产的呼声会很强烈，因为这样的资产可以用于独立于人造人所有者的没收和罚款。在机器人伤人的案例中，法官有效地判决机器人从事一年劳役，就是因为它自身的劳动力是它仅有的资产。我们无法让机器人交罚款，而且法官大概认为这样的刑罚比由机器人所有者承担的处罚要好。但是如果机器人拥有银行账户，那么账户就很有可能会成为处罚的目标。

合成智能的拥有者也会赞同把合同权利和财产权利赋予人造人，因为这样做会潜移默化地免除他们个人资产的责任——在今天，这也是成立公司的最常见的动机。

和大多数的预测不同，这不是对未来诸多可能性充满幻想的推测之一。恰恰相反，这种情况很难被阻挡，因为把每个人工智能包装成自身的合法公司会收到很好的效果，而这种效果在今天就可见一斑，就像你的律师和医生可能都是"专业公司"或者有限责任公司一样。如果我是一队自动驾驶出租车的所有者和运营者，那我肯定会考虑把每辆车都合并为它自身法律实体的资产，原因只有一个：我不希望一个灾难性的错误搞垮我整个公司。除此之外，我会让我的流动小卒尽可能地赚大钱，然后把它们的利润存起来，就像是从蜂巢收集蜂蜜一样。

我们又被带回到智能机器作为代理的最根本的问题上。它们会不懈地追求我们为其设定的目标，并且在和人类的竞争中胜出，而且可能仅仅是在名义上受我们控制——这种情况至少会延续到我们建立起道德和法律框架之前，有了这些框架，我们才能把它们整合为人类社会中高效的伙伴。

HUMANS NEED NOT APPLY

智能洞察

合成智能必将丰富我们的生活、增大我们的成功概率、增加我们的闲暇时间，但是来自这种科技的好处会掩盖一个令人不安的事实：合成智能和人造劳动者会作为独立的道德行为体而出现在各个地方，它们会从事工作并且代表其所有者赚钱，但是总体上它们不会考虑自己的行为对他人和社会造成的后果。它们很有可能会像在高频交易程序案例中表现的那样，为了少数几个幸运的个人，从巨大的财富中搜刮可观的份额。

正如你所预料的，这样的剧本已经展开。超乎常人的全知系统观察我们的个人和群体行为，然后把我们引向我们所买的、所听的、所看的以及所读的——而利益正静悄悄地在别处积累。你不需要想太多就能找到自己被影响的例子——亚马逊云的1号款台，这里结账不用等待！

HUMANS NEED NOT APPLY

A Guide to Wealth and Work in
the Age of Artificial Intelligence

我第一次遇见杰夫·贝索斯（Jeff Bezos）是在 1996 年的一场为风投公司 KPCB（Kleiner, Perkins, Caufield and Byers）的 CEO 们举行的静休会上。听起来，这种会议可能有点像达沃斯或波西米亚俱乐部风格的权贵秘密会议，但事实远非如此。大多数 30 多岁的出席者都是较晚出现在硅谷的新人。贝索斯和其他一些人最先认识到，互联网在商业上的用途可能会创造巨大的商业机会。在此之前，只有政府和研究机构才能在互联网上从事合法的商业活动，而美国国防部高级研究项目局（DARPA）控制着互联网的接入。

贝索斯有电气工程和计算机科学的双学士学位，还在华尔街从事过一系列的技术工作，他在一家隐秘但极其成功的公司找到了工作，这家公司由一位年长他 10 岁、性格和善的哥伦比亚大学教授所创立，他就是大卫·肖（没错，就是那个编程交易的先驱大卫·肖，他创立了 D. E. Shaw 公司）。但是有一天——原因可能只有他和大卫·肖才知道，贝索斯辞职开始去别处淘金。贝索斯和他的新婚妻子把行李堆进车里，然后出发前往西雅图。在途中，他一直在研究一个商业计划。

真正的价值在于数据

贝索斯是一个精力充沛的初次创业者，他大笑起来很爽朗，而微笑起来却让人觉得很狡猾。在我看来，作为一位早期互联网创业公司的 CEO，贝索斯的表现出奇的不谨慎。我很好奇，他为什么总能用十足的信心作出几百万美元的商业承诺？他如何知道到时候他就一定能够筹集到足够的资金？但是他总是正确的。贝索斯的想法是开办一家网上书店，然后他给这家书店起了一个奇怪的名字——亚马逊。我记得我们见面的时候，他正纠结于一个小问题，亚马逊太小，没有办法赢得图书出版商的注意，更别说他当时还没有渠道购买或销售图书了。我们两个都想弄明白如何在互联网上进行支付，因为当时没有任何一家正规的银行愿意通过某种从来没听过的公用计算机网络处理信用卡交易。如果你没见过你的顾客，也没和他们说过话，那你怎么知道他就是他自己声称的那个人？

因为缺乏投资仓库和存货需要的资金和人际关系，贝索斯做了第二件值得做的事：他和当时最大的批发商英格拉姆图书集团（Ingram Book Group）达成了交易。英格拉姆囤积并运送小批量图书到全美各地的独立书店，而且在大型连锁店出现本地存货短缺并需要快速送货时，这家批发商也会充当货源。从贝索斯的角度看，英格拉姆能提供的优势就是，他们能够为一本书这样的小订单直接发货。

我的创业想法是，商品在网上销售的价格不一定非得是固定的。所以我和两个合伙人一起创立了 Onsale.com，互联网上第一家拍卖网站。[1] 但是贝索斯从大卫·肖那里学到了我不知道的重要一课，至少最开始我不知道：**真正的价值不在于存货，而在于数据。**

贝索斯意识到，D. E. Shaw 公司应用在证券交易上的基本原理同样也可以应用到由人提供的信息上。对他来说，至少一开始他和实体商品打交道的经历是附带发生的，或者说是次要的；存货和物流是可以通过付费转包给第三方的。亚马逊的真正本质是积累书评和顾客的购买记录。所以，贝索斯意识到，花在读书上的时间对于大多数买家来说要高于商品名义上的价格。花时间挖掘一本你不喜欢的书完全是一种浪费。所以为什么不让他的顾客像一位有经验的实体书店销售人员一样遍览群书呢？他正确地估计了人们对于向公众布道和帮助他人的热忱，对于这些人来说这已经是足够的回报了。

毫不夸张地说，亚马逊不仅几乎对图书行业的所有方面进行了革命（可能除了写作），还成了世界上最大的无所不卖的卖家之一。但是对于亚马逊的非凡崛起，还有另外一种解读。

当我们把亚马逊形容成"网络零售商"时，我们是把它看作了实体商店的数字版本。但是还有另外一种描述亚马逊的方式：D. E. Shaw 公司的证券交易策略在零售领域的应用和扩张。

当亚马逊处理你的订单并把其传递到英格拉姆进行配送时，它进行的套利手法和大卫·肖的超级计算机相同：**两个同时进行的交易，只要它们都进行结算就肯定有利润。**第一个是你的交易，即以特定的价格卖给你一本书并在双方同意的时间内送达的协议（也称为期货交易合同）；而第二个交易是从英格拉姆购买一本书并配送到一个特定的目的地。通过不断调整对你的"卖价"，亚马逊锁定一个已知差价作为它的毛利。就像程序化的交易算法一样，整个计划之所以能够奏效就是因为亚马逊掌握了比你更好的信息。具体来说就是，它知道在英格拉姆能以更优的价格买到一本书，这是一个你不知道也无法直接利用的信息。[2]

贝索斯一直都知道，力量存在于数据中。他花了将近 20 年的时间史无前例地积累了大量关于个人和集体购买习惯的统计数据，其中包括两亿活跃买家的详细个人信息。为了完成这一壮举，他的主要手段就是赔钱，但是一旦数据显示顾客会持续光顾他的网站，他就不会愿意再赔钱了，潜在的新买家群体开始缩减，所以贝索斯决定减少投资和扩张（用商业术语来说，获得新顾客的成本趋近于顾客的终身价值）。就像其他垄断组织一样，一旦供货商没有选择，只能和亚马逊达成交易（对于图书产业肯定如此），而顾客又都是"水性杨花"的，这时候优质的服务者就有很多方法来获得市场的支配地位了。和通常的观念不同，垄断并不违法。但是当垄断组织利用自己的市场势力来限制竞争的时候，就可能会触犯法律。

但是亚马逊是如何把这些信息运用到生产上的呢？其中之一是，他们通过调整宣传的价格达到特定的商业目的。只要投资者愿意允许公司以利润为代价成长，那么当你想要从亚马逊上买东西时，亚马逊会为你建立这样的信心：你得到的是最好的，或者至少是价格非常好。达到这个目的的最简单办法就是真的提供一个优惠的价格。所以它会经常监控有竞争力的价格，并且据此调整自己的价格。

如果你是亚马逊的常客，就会注意到你购物车中的物品的价格会莫名其妙地随着时间变动，有时变量很不明显。为了帮你监控价格浮动，抓住最优价格，已经涌现出了一条龙的业务。问题在于，为什么？这种看似随机变化的特征说明这些价格都是自动化处理的结果，很有

可能是网站爬虫 ① 从别处拉来的价格，甚至也可能是从亚马逊本身，因为除了直销之外，亚马逊还是其他人销售相同产品的市场。密歇根大学在 2000 年夏天进行的一个价格研究中发现，根据用户的浏览器和账户的不同，亚马逊上同一款 DVD 的价格差额能达到 20%。当一些消费者控告亚马逊为相同物品收取不同价格时，亚马逊把这种差异归咎于"针对消费者对不同价格反应所进行的一项简短的测试"。[3]

大多数人认为公司向不同的顾客收取不同的价格是违法的，但是只要选择的条件不涉及如种族、性别以及性向等歧视，这种做法既不违法也没有任何不妥。亚马逊在此并不独树一帜。宾夕法尼亚大学 2005 年的一份研究报告探讨了杂货店会员卡程序是如何通过这样的因素（比如你对品牌的忠诚度），向会员提供结账时所能用到的不同价值的优惠券的。[4] 换句话所，如果你无论如何都要购买某种物品的话，那为什么商店还要赔钱卖给你呢？

问题在于，所有这些美好的"放任政策"都是未来"不容讨价还价"的序曲。在互联网上自由流动的信息会制造赢者通吃的市场，而网络零售也绝不例外。[5]

无须货比三家的秘密

在互联网之前，有两个条件让零售市场充满活力，使零售市场具有足够的利润空间能同时容纳多个售卖相同货品的卖家。第一点就是信息。当你需要开车到竞争商店或在本地报纸中寻找相同商品的广告时，对比价格是不是要困难很多呢？

---

① website crawler，又称网页蜘蛛，是一种按照一定规则，自动地抓取网页信息的程序或脚本。——编者注

另外一个条件在于配送的实际成本。如果你在一家上百公里以外的商店能以更便宜的价格买到心仪的灯，你会怎么办——还不够费劲开车的呢。原则上说，对于互联网来说这也同样是个问题，因为从新泽西的库房运送一件物品到纽约的成本应该比运送到旧金山的成本要低。但是亚马逊连这个问题也解决了，通过规模经济让货物能预先进入人口密集地区的库房，这种条件对于现在和未来的潜在竞争者来说都是很奢侈的。

这两个条件紧密相连，亚马逊已经将两者合并，从而突出优势。把产品价格和运费分开，是一个以心理操纵为目的的谎言。把总价分割成不同的部分是一种历史悠久的掩盖真实成本的方法，当然最后所有这些分项都会合并成一个价格。

这种技巧在其他领域的例子就是"目的地""配送"，以及汽车售价之外的"单证费"。医疗账单把这种扰乱顾客的"技艺"提升到了荒谬的程度，他们分别发送标有不同日期的设备（医院）费和医生账单，所以当你真要付钱时，你也不太清楚这项服务到底花了多少钱。[6]甚至在网上购买电脑的时候，当你需要弄清楚哪些功能是包含在内、而哪些功能需要分开购买时，对比不同型号电脑的功能和价格几乎是不可能的，甚至对行家来说也是如此。从这个角度上说，苹果电脑可以算是透明消费的典范了。

就像医疗服务行业一样，亚马逊开创了模糊支付价格的新方式，他们不仅把需要的信息分隔到不相干的地方，而且还让你在作出购买行为很久之后才能识别出总价。这个创新之举在于收取一个固定的配送年费——亚马逊金牌服务，无论你在当年已经购买或将要购买多少次。这样看来，亚马逊金牌会员其实是一种收取会员年费的买家俱乐部策略的升级变种。这种做法为你所支付的"免邮"服务制造了一种自相矛盾的错觉。改写经济学家米尔顿·弗里德曼（Milton Friedman）的话就是：免邮这种事并不存在——总得有人付钱。这份钱值得付吗？如果从另外一个卖家那里购买价格更高但却包含邮费的商品会更好吗？答案只有亚马逊才知道。

劝说你预先支付邮费不仅成功阻止你到别处购物，还让理智消费变得不可能。亚马逊一直都对顾客满意度投入了值得称道的关注，而这点至少是一个原动力：只要你对公司还算满意，就没有理由质疑它的定价方式或去货比三家——即使你可以这么做。

但是亚马逊又把信息不对称的信条再次推进了一步。亚马逊的仓储网络是如此之广，他们采取了一个非凡的政策：允许自己的竞争者把他们的产品放在亚马逊的网站上，并允许他们使用亚马逊的设施。你可能会认为这是一种平等主义的做法，通过给"小人物"提供亚马逊所拥有的同等优势来平衡比赛。但是在现实中，这个具有独创性的策略给了亚马逊两个额外的潜在竞争优势：**它可以窥视竞争者的销量和价格，并且最终让自己可以控制其竞争者的成本，因为它可以调整为这种服务收费的费率**。毕竟，没人规定亚马逊只能收取竞争者实现成本的特定比例份额。想要占领电动牙刷市场吗？没问题，向竞争者收取比你自己处理同样商品更昂贵的库存费和配送费就可以了。

这些商业策略背后相同的思路就是获取比顾客和竞争者更持久的信息优势，巧妙地把这些做法包装成一个关于低价、优质服务以及公平竞争的故事。

我认为亚马逊是一家很棒的公司，而贝索斯是一个伟大的人。但是金融市场把这家公司的估值定为其收入的 600 倍（2013 年，亚马逊的平均估值通常为其收入的 20 倍）还有一个原因：他们等候着一个必然会出现的时刻，在锁定顾客、歼灭竞争者之后，公司会抖出垄断价格。事实也本该如此。消费者并不愚蠢，他们会寻找性价比最高的交易，包括方便度、服务以及其他因素。他们不会考虑自己的短期购买行为是否可能会重新塑造零售业的版图，同时可能把未来的消费者引向灾难，就像复活节岛的原住民不会担心他们为了柴火而砍断的树会让后代的家园变成一片荒凉而阴冷的土地。

但是当整体价格开始升高，利润开始注入时，我们所熟悉的那些用来评判所获价值的竞争参考论据将会被湮没很长时间，甚至最终被一扫而光。我终于明白贝索斯为什么要把公司命名为亚马逊了，因为这条世界上最大的河会扫除前进中的所有障碍。

每日低价的幻觉

专注于保证信息优势并不是贝索斯从大卫·肖那里学到的唯一经验。还有一点让他铭记于心：**先进的计算机技术可以让他从数据中获得巨大的利润。**

原则上说，亚马逊只需利用传统零售业背后的运营方式，就能赢取自己业已获得的大部分财富——雇用产品经理来监控竞争者并制定价格，用采购代理商来选择和订购货物，利用仓库工人来分拣和配送订单。亚马逊在这些方面确实做了很多。但是贝索斯早期在自动化系统上也投入了很多，他要充分利用自己独特的优势。这些系统和那些实体竞争者的传统数据处理系统不可同日而语，老式的系统没有机会根据市场条件和个人客户的习惯而即刻调整价格。而这正是以机器学习系统为代表的人工智能大显身手的战场。

智能洞察

在应对竞争威胁的过程中，以个体为基础的持续性测试和价格调整是一件复杂度极高的事。无论你的目的是加强对于低价的感知，还是把利润最大化，超凡的速度和判断力都是必须的，而且前提还是要在几千分之一秒内完成无数次同时交易。为了指挥这场大型芭蕾演出，你需要一个合成智能。这也正是亚马逊所做的。

顾客愿意在自己的家乡球队惜败之后，多花一美分买纸巾吗？胜利城市的买家会对香槟的价格比较不敏感吗？如果在星期二就能拿到，你愿意用原价买一个额外的 iPhone 充电器吗？你是那种需要给你一点小折扣才能下手的人吗？愿意上午在网上看经典电影的人是否更愿意在 Kindle 上阅读浪漫小说而不是侦探小说？具体数据又是多少呢？

这些问题可能很难回答，但是至少你可以感受到些许问题背后的逻辑。仅仅问出这些问题就需要一定程度的洞察力，没有几个专业的市场营销人员能做得到这一点。而合成智能却没有这方面的限制。也许名字中带有连字符的顾客相比于周末，更愿意在工作日花更多的钱在假花上；住在公寓的人更喜欢蓝色封面的书而不是红色封面；如果万事达卡持卡人随其他东西一起购买了耳机的话就不太可能会退回耳机。这是一片由机器学习算法探索的深不见底的海洋。

这里有一个真实的来自亚马逊讨论区的投诉实例："我一直关注 42LV5500[LG 42 英寸 HDTV]，价格在一夜之间下跌到 927

美元，然后在东部时间上午 9 点时，价格涨到了 967 美元，然后到了下午 5 点跌了 5~10 美元，然后一夜之间又跌到了 927 美元。我在早上注意到了，取消了订单，然后又以 927 美元的价格重新购买了。太让人生气了。这种情况已经持续 3 天了。"[7]

今天，亚马逊保持了每日低价的幻觉。未来，没有什么能阻止这样的公司向你，而且只向你，提出恰恰能让公司利益最大化的价格和协议。

在这个过程中，你仍然会拥有完整的决策权。毕竟，这是一个自由的国家——你能自己做决定，要不要随你，你可以选择去走任何一条不寻常的路。话说回来，虽然作为个人你有享受自由的权利，但是作为集体的我们并没有。合成智能完全有能力在允许个人意愿的情况下（何况这些小愿望也没什么出乎意料的）以一个相当高的统计精度来管理群体行为。

你不是在自己做决定

当然，亚马逊只是一种现象的个例，而这种现象正在静悄悄地蔓延到我们生活的各个方面。

HUMANS NEED NOT APPLY

智能洞察

各种各样的合成智能小心谨慎地和我们讨价还价，采取我们的方法，记录我们的兴趣爱好。但是在此之中有两种明显不同的做法，一种仅仅是把相关的机会送到我们眼前，另一种则是激励我们作出惠及他人的行动。而设计这些激励，同时也管理着我们集体行为的相关机构，正在逐渐从人转移到机器。

今天，当你开车经过本地的商场时，优惠券就会被发送到你的智能手机上。很快，你在早上醒来的时候就可以发短信来预定一个和你办公室很近的车位，前提是你能比平时提前 15 分钟到达工作地点；如果你不过度浇灌你的草坪就会得到一张免费电影票；如果你在周五之前向你的健康医疗组织献血，就可以提前一年升级你的 iPhone。[8]

我们的生活会充满类似的提议，这些提议由合成智能管理，目的是优化交通、保护自然资源、管理医疗卫生。但是，其他系统的目的不会如此崇高——在关店之前尽量晚地卖出最后一个甜甜圈，在河景房仍然可售的情况下租给你一套街景房，给你安排了在盐湖城中转的路径却把直航航线留给了高价付款的紧急旅行者。

这些系统中的可见部分对你来说只是雪山上的积雪而已。在幕后，它们会为了达到各自的目的，在彼此之间进行激烈的谈判和交换。自来水公司的资源管理系统是如何拿到那些搞笑电影的优惠券的？方法就是和另外一个为电影院创收的系统订立合同。健康医疗组织的血浆库存系统是如何安排 iPhone 升级的？方法就是和另外一个负责延长手机合同的系统进行交换。

问题在于，就像是自动化证券交易系统和人类交易者同场竞技一样，这样的系统拥有着对你的压倒性优势，而你会不停地和这些系统讨价还价。而它们的优势包括：速度、及时的信息、确切知道下一个人可能愿意接受的条件、预测你的行为比你自己还要准确。你在赌局中面对的是庄家，发牌者数着每一张牌，而且知道牌是如何分配的。你生活中的方方面面都会被亚马逊所包围，但却看不见半个人影。

这是一个陌生的前沿，在人类历史上从未发生过。正当你惊奇于现代世界不断增加的方便度、个性化以及高效率时，新的社会制度会悄无声息地潜入，如猫一样前行。在幕后，虽然庞大的合成智能会向你提出一个你能接受的交易，但是利润却薄得不能再薄。那么，它会把最大的利润留给谁呢？

07.

谁会成为最富有的1%

未来的财富分配

A Guide to Wealth and Work in
the Age of Artificial Intelligence

人
工
智
能
时
代

HUMANS NEED NOT APPLY

在弗·菲茨杰拉德 1926 年的短篇小说《富家子弟》（*The Rich Boy*）中有一句著名的话："让我告诉你那些有钱人的故事吧。他们和你我都不同。"当时，他的世界似乎分裂成了三个阶级——那些可以随心所欲地买东西、想做什么都可以的人；那些只能以自己的工作所得过活的人；那些希望自己或自己的孩子有一天能成为以上两种人的人。

过去，阶级的划分界限比较明显。你穿的服装和配戴的首饰、你的口音、你在火车或轮船上的包厢，都在向周围的人宣布你属于哪个社会阶级，而这些指标大多数都是用你的物质财富衡量的。

但是在今天的世界，到处都是穿蓝色牛仔裤的 CEO、20 多岁的亿万富翁创业者，他们有私人飞机以及随身登机的行李，要想在我们中间辨认出那些最有钱的人比以前更难了。对于那些超级有钱的人来说，《福布斯》杂志每年都会公布一个排名，同时还会发布一些关于这些上榜人士的轶事。但是对于很多超级富有的人来说，他们一直执着于把财富藏在公众的视野之外。

在你的同僚中维护地位是一回事，在本地电影院或者你孩子的足球队颁奖典礼上则又是另一回事。你不能提你丈夫在 20 周年结婚纪念时送给你一辆保时捷跑车，不能谈你刚买的度假屋，也不能说你的私人教练那天去你家为你进行日常训练时对你说的话。还是谨慎点好。

谁是最大的利益获得者

接下来，我不会那么谨慎，有些话也许会引起你的不适，但我是为了解释一个重要的观点。某些读者可能会对此点头称是——没错，我就是这么生活的；而更多的人很有可能会感到心烦或者厌恶；还有一些人会发现我所说的和他们自身的经历相差甚远，因此怀疑我的真实性。我唯一的要求就是你在读到最后之前，请耐心读下去。

我的家坐落在一块 4 000 多平方米的平地上，这片土地上长有壮美的橡树、红杉、梧桐树，我们出门后不用走多久就能到达电影院、公园、精致的餐馆，以及任何你可以想象得到的服务设施。在太阳落山之前，上百只乌鸦会聚集在我们巨大的梧桐树上，在天黑之前进行一场喧闹的会议。成双成对的哀鸠恬淡地落在电线上密切地关注着它们的后代，偶尔会落入威严的红尾加州鹰的监视范围。无聊怎么办？你可以坐在壁炉边的沙发上、在室外棋盘上下象棋、在水池旁边的露台上消磨时光、在浴缸中泡个热水澡、在室外来个烧烤、在门廊的秋千上放松一下、在前庭草坪玩门球，或者你还可以在修剪整齐的玫瑰花间漫步。想在室外听音乐？我们有两个分布式的高品质音响系统隐藏在不同区域。

我家的房子建于 1904 年，由一位著名的建筑师建造。一层有 3 米高，客厅面积为 90 多平方米，有一间台球室、一间装有投影系统且装修不错的家庭影院、一间带有 4 个不同坐席区的厨房、两台冰箱、两台微波炉、两个水槽、三个洗碗机，这些都是为了聚会而准备的。但是真正的亮点在餐厅。餐厅是由上一家住户在欧洲购买的，他们对屋子进行了重建。这间餐厅值得夸耀的是它的黑木镶板、石膏吊顶上独一无二的詹姆士一世花纹设计，以及一个 1606 年原装的铸铁炉板。餐厅还有 24 把可供用餐时使用的舒服椅子。二层有 5 个独立的套间，4 个孩子每人一间，最大的一间是我们的，还有第二个投影剧院系统。三层是我的办公室、一间健身房、一间客房——客房有两个卧室，还有一个有独立浴缸的浴室。噢，我还忘了提酒窖和电梯！

聚会时，房子能毫不费力地容纳 150 人。但是如果人更多的话，我们就需要启用客房楼了。这个两层结构的新英格兰风格的建筑有两间浴室、三间卧室、三台冰箱、两间厨房以及一个开放的大厅，可以容纳大概 200 位客人。

对于我的生活，特别是我的妻子，我真的很感恩。我也很感激我的家人、朋友，以及我能在余生中做几乎任何我想做的事的自由，比如弹钢琴和写这本书。相信我，一切并不一直都是这么好。我曾住在芝加哥南部的公寓中，曾被人抢劫；我还曾在布鲁克林的仓库工作过，在酷寒的冬天还要乘地铁去蟑螂泛滥的租用的工作室工作。

看完这些说明你很有耐心，但下面才是我真正要说的话：**根据美国最近以收入为基础的数据统计，我们甚至都不算是传说中的 1% 的美国人。**也就是说，每 100 个人里面就有 1 个人每年赚得比我们多，

由此推论，他们的生活标准在梯度直方图上也应该比我们高。[1]

而我的很多朋友能让我们看起来像乞丐一样穷。我们有一位朋友拥有 7 处房产，包括一座大农场。他有位于大苏尔、太阳谷以及巴亚尔塔港的房产，还有一处位置绝佳、占地约 22 万多平方米的太平洋海滨不动产，这处房产离他富丽堂皇的硅谷主住宅不远。我们的邻居有马厩、慢跑小径，还收藏了一堆古董车。在离我家不远的地方有一处占地 2.5 万平方米、建筑面积近 3 000 平方米的住宅，他们有室内和室外泳池，还有一座带有全尺寸风琴的礼拜堂。保罗·西蒙①曾在一位朋友的私人生日会上进行过助兴表演。

有些人不只有一架私人飞机，而是有两架——这是为了确保，万一一位家庭成员想去阿斯彭度周末，而另一位想去棕榈泉。还有一位朋友为了开办自己的私人创业学校买了一栋 10 层楼的宾馆以及几处周围的中心区建筑，而这只是他的一个爱好。有些人会为政治人物的请愿游行组织募捐活动，这些政治人物中既有现任总统也有往届总统。

相比之下，我每周末都要自己洗衣服。我妻子每天都要洗盘子，还要接送孩子上下学。我的车已经开了 15 年，因为这个家伙就是不坏。我的妻子不太喜欢珠宝，所以她只要戴克莱儿（Claire，一家向青少年出售闪亮小玩意儿的店）的珠宝就已经很高兴了。

但是就算是我们最富有的朋友和邻居也都算不上美国最有钱的人——他们中的大多数人离进入福布斯的榜单还差得很远。这项荣誉

---

① 保罗·西蒙（Paul Simon）是当今美国歌坛少有的常青树，从 1957 年出道至今已经 50 多年，凭借自己的卓越天才和实力至今仍然是歌坛上的耀眼巨星。——译者注

是留给那些拥有几十亿美元的人的。

杰夫·贝索斯在这张名单上，福布斯估算他的个人资产达到了320亿美元（截至2011年3月）。这个数字意味着什么？如果过去50年股票的平均回报率为11%，也就意味着他的股票有每年35亿美元的增值，或者说他每天有960万美元的入账，当然，这也包括周末。**与之相比的是，美国大学毕业生的平均终身所得是230万美元，而高中毕业生的平均终身所得是130万美元。**[2]**贝索斯周六一边上高尔夫球课一边赚的钱，就比4个大学毕业生的终身所得加起来还要多。**

这里还有一个更加令人不安的对比。受2009年经济衰退的影响，加利福尼亚州的财政预算赤字达到263亿美元，这可比贝索斯的资本净值少多了。[3]在随后几年中，加州为了缩减赤字所作出的努力包括：减薪；每个月有3天时间让政府工作人员放无薪假；对K-12[①]和社区大学的拨款减少了大约10%；缩短学年；监狱提前释放以及即时假释；缩减加州医疗补助计划的资金。这些削减或多或少地影响了老人、残疾人士、儿童、学龄前儿童计划、紧急粮食援助、孕妇，以及在加利福尼亚乳腺癌和宫颈癌治疗项目（BCCTP）中登记的妇女。而这里仅仅列举了其中一部分。[4]

当然，这并不是说贝索斯没有挣得或者不值得拥有他的财富。他当然不应该为加州的预算危机和管理不善埋单。恰恰相反，他还支持了很多为公众利益服务的项目和计划。比如，他为普林斯顿大学大脑方面的研究捐助了1 500万美元，还向哈钦森癌症研究中心（Hutchinson Cancer Research Center）捐助了2 000万美元。[5]

---

① K-12指的是从幼儿园到12年级的儿童教育。——译者注

智能洞察

随着计算能力的增强，到了一定的阶段之后，量变就会成为质变。今天拥有几千万美元可支配资金并不会影响你的生活方式或者你在必要时帮助朋友和亲戚的能力。但是钱会给你力量，让你有能力左右选举，影响政客和立法，改变公众议程——但是最主要的是，你有了把社会资源向你的个人利益转移的力量。

杰夫·贝索斯还发起成立了 Blue Origin 计划。这家公司的目的就是降低宇宙飞行的成本，让个人（和政府相对）也能探索太阳系。这样的做法值得赞赏，而且他也有权利这么做，但是把资源投入到这样高尚的领域就肯定比投入到别处好吗？或者资源是否应该只由一个人的喜好支配呢？史蒂芬·爱德华兹（Steven A. Edwards）是美国科学促进会（American Association for the Advancement of Science）的一位政策分析师，他说："不管怎样，21 世纪的科学实践变得越来越不受国家优先级或同行评审的影响，这些实践更多地被拥有巨大财富的个人的特殊偏好所影响。"[6]

西雅图的游客在 2000 年的时候可能很喜欢参观"音乐体验博物馆"（EMP），这家博物馆最初是为纪念吉米·亨德里克斯（Jimi Hendrix）①而建造的，游客们可能会纳闷这座城市为什么偏偏愿意花 8 000 万美元向这位流行艺术家致敬，而没有把钱投给和他同样才华横溢的已故同辈，比如摇滚女歌手詹尼斯·乔普林（Janis Joplin）或吉姆·莫里森（Jim Morrison）；亦或没有他们那么伟大但却同样

---

① 吉米·亨德里克斯，生于西雅图。美国著名吉他演奏家、歌手和作曲人，被公认为是摇滚音乐史中最伟大的电吉他演奏者。——译者注

值得纪念的美国作曲家亚伦·科普兰（Aaron Copland）或者乔治·格什温（George Gershwin）。[7] 我曾和微软的联合创始人保罗·艾伦（Paul Allen）一起玩过吉他即兴演奏，所以我对这个问题并不困惑。他钟爱吉米·亨德里克斯，并模仿他的演奏风格，这就是他以个人名义为这个市政项目提供资金的原因。

很多富人会购买或支持运动队，甚至整个体育项目。比如甲骨文的CEO拉里·埃里森（Larry Ellison）投资了3亿美元在美洲杯帆船赛上。蒙哥马利证券公司（Montgomery Securities）创始人汤姆·韦塞尔（Thom Weisel）在2000年时向美国骑行协会（USA Cycling）提供了紧急援助，这个组织现在就是美国自行车比赛的主管团体。

一种很普遍的观点认为，为了让经济繁荣，我们需要稳固而健康的中产阶级。论点就是：我们需要对消费品的强大需求，除了中产阶级谁会买这些东西？不过，这种观点是完全错误的。

在古埃及存在的大部分时间里，埃及是由一个绝对的帝王统治的。人们认为法老就是太阳神拉（Ra）的儿子，他拥有王国中的所有资源。由很多管理人员和神职人员组成的大型官僚机构管理着土地的分配，并且代表法老进行税收。在很多发展的关键时期，在满足了公众对于食物和住所的最低物质需求之后，埃及的很多额外财富都用于建造金字塔。这些伟岸的建筑物外面包裹着高度抛光的石灰岩，在正午时分，这个建筑很有可能会闪亮到让人无法直视。建造一座最大的金字塔需要多少人力，至今仍存有争议，但是多数现代科学估算，建造金字塔大概需要2.5万名工人持续工作20年以上。[8]

你可能会想，为了服务个人而耗费如此大的无用功可能会导致暴力革命，帝国也会因此而崩塌。但是古埃及在几千年的时间内政治系统和经济系统都相对稳定，这样的成果对于很多现代政治实体来说都是可望而不可即的。一个普遍的错误观点认为，这些工人是奴隶。但恰恰相反，有充分的证据证明这些工人是志愿者，或者至少是完成义务公共服务任务的市民。和大部分居民不同，他们大多数都能吃上肉。

在大部分时间内，古埃及的人口大概有 150 万人。如果把古埃及劳动力中修建金字塔的工人比例放在今天的美国，用于修建金字塔的工人大概有 500 万。从另一个角度上看，美国的现役军事人员有 150 万人。在 1967 年最鼎盛时期，NASA 的美国空间计划雇用了 3.6 万人。[9] 沃尔玛是美国最大的私人雇主，雇用了 130 万本国工人。

很难想象，正有 500 万人在为某些互联网巨头的项目工作，而这样的项目总体上每年会花费数百上千亿美元。但是 10 倍于此的劳动力正持续为美国最富有的 1% 家庭工作着，而且与日俱增——这就是我们周围的世界。

人工智能的力量

HUMANS
NEED
NOT APPLY

最富有的 1% 家庭累计拥有的财富超过了整个美国财富的 1/3——差不多 20 万亿美元。假设年利率为 10%，他们每年都可以任意支配 2 万亿美元。美国工人的平均年薪是 3 万美元，也就是说他们能够雇用 6 000 万人，或者说是美国所有劳动力的 40%。如果按照年薪 2 万美元计算的话（现有劳动力中大约 40% 的人年薪如此），最有钱的 1% 可以雇用美国 2/3 的工人。[10] 大概剩下的人的工作就是为那些有幸为富人工作的人提供基本生活需求。

这种情况看起来是什么样的？就像大多数可怕的画面一样，看起来一点儿都不真实。那 2/3 的人不会每天去私人住宅上班，为有钱人捏脚。但很遗憾，事实和这样的场景相差无几。

现在之所以没有发生这样的情况，第一个原因就是：富人并没有倾其所有地消费。这些钱被用来再投资或留作他用，他们把回报累积起来用作个人"贫困时期"的信托资金或退休基金。这就是俗话说的"富人更富，穷人更穷"。

第二个原因在于，你看不到那些富人为新观念而投入的人力，因为这些投入已经体现在商品和服务中了。如果我妻子用 1 000 美元购买一个 Gucci 手袋，这笔钱将有两个走向。Gucci 的股东会得到大约 300 美元，剩下的 700 美元主要会流向制作手袋的人，不论是以直接的方式（也就是 Gucci 的员工）还是以间接的方式（流向供货商的员工）。[11] 通过公司屏障①的手段，制作手袋的整个劳动力实际上都是为我的妻子和其他像她这样的人而工作的。如果尽量压低成本，另外一个类似的手袋价值多少？这个问题很容易回答，因为一个在外表上无法区分的仿制品价格为 30 美元左右（包括利润）。当然你可以在西尔斯百货买到一个同样实用但是更加便宜的手袋。所以粗略算来，价格中大概有 650 美元没有用在实际的使用价值上（能带着私人物品到处走的功能），而是流向了对社会地位的维护，以及通过展示不必要的

① 公司屏障（corporate veils）是保护持股人免受独家业主造成的企业破产所带来的损失。——译者注

人工智能时代 HUMANS NEED NOT APPLY

花销而产生的对于自我价值的表现，而这种价值是一种个人感觉。

想了解富人在重塑经济中的作用吗？一种方法就是观察这些所谓奢侈品的销售增长。虽然最近的经济衰退肯定会造成一些影响，但是行业分析师却有一个普遍的共识：消费者对于奢侈品牌的需求是不受经济衰退影响的。[12] 根据凯雷集团（Carlyle Group）的报告，奢侈品服装、配饰以及商品的全球销售从 2009 年开始每年都会有两位数的增长，而且在未来 3 年中会有 4 倍于欧洲 GDP 的增长计划。贝恩咨询公司的报告称，2013 年奢侈品部分的最大增长在美洲，超过了中国。[13]

当奢侈品的增长率持续超过所有零售销售额的增长率时，不用多久，奢侈品的消费就会占据总支出的很大份额。根据穆迪分析（Moody's Analytics）的首席经济学家马克·赞迪（Mark Zandi）的说法，收入前 5% 的人的花销占总花销的 1/3，而收入前 20% 的人的花销接近于总花销的 60%。[14] 很有可能在下一个 10 年中，美国最有钱的 5% 的人可以产生 50% 以上的零售支出。这样的繁荣经济并不是由想象中的中产阶级带动的，而是由越来越集中的骨干精英所驱动的。

一个令我们很难接受的事实就是，仅杰夫·贝索斯一个人大笔一挥就能抹去加利福尼亚州 2009 年的年度财政赤字，而且还能剩下几十亿美元供他享受。如果我处于那样的位置，我可能睡得不会像现在这么香。我能拯救多少人？我能减轻多少痛苦？我能实现多少梦想？

超级有钱的人无论他愿意与否，都背负着重担，我们没有。很多人明白，无论他们个人更喜欢把时间和金钱花在什么地方，慈善事业是他们不能也不应该忽视的一条道德律令。比尔·盖茨就是我能想到的一个例子。甚至当我把钱捐献给我孩子所在私立学校的筹资活动而不是本地的收容所时，我都有些担忧。我们都面临着选择，税收的可减免部分 ① 并不意味着正义。

对于富人来说，他们还有一种独特的苦恼：对生命意义的腐蚀。当所有东西都可以随意获得时，一切都可能会失去价值。当你不用努力就能得到自己觊觎的东西时，当你可以用钱避免不舒服的情况并且不向别人妥协时，你就失去了塑造自己生活的心理界限。我注意到，一旦我的朋友"成功"之后，他们的情感成长就会停止。他们的个人成熟度会适时冻结，就像是琥珀里的昆虫一样，所有人都看得到。在意识到这样的风险之后，我的一位最成功也是最有成就的朋友—— 一家顶级风投公司的星级合伙人，把他的每日花销从他的巨额财富中分割开来，他有意识地忽略这些财富，任由其他人来管理。他更喜欢一种相对朴素，但是仍然舒适的生活方式。[15]

宿命般挣扎的穷人

接下来，让我们来看看硬币的另一面——形形色色的人才，他们拼尽毕生努力只是为了得到精英们唾手可得的东西。用统计数据和图表来展示劳动人民的艰难生活轻而易举，对于那些没有工作的穷人来说更是如此。但是这些工具却无法洞悉这些人所处境遇的真正艰辛。所以我选择了一个从很多方面来说都很典型的人来描述，希望他的故事能更生动地传达出他生活的艰难程度。

埃米·内斯特（Emmie Nastor）是一位模范员工。在 2009 年时，

① 在美国，纳税人如果符合减税标准，可以申请税务减免，减税标准的类别包括住房、医疗、个体经营、慈善捐助以及意外损失等。——译者注

我运营着一家小型互联网游戏公司，叫作 Winster.com。当员工数超过 10 的时候，我们需要一位接待员。这个工作要求良好的计算机操作能力和人际交往能力以及让人愉快的风度，而且还要心甘情愿地完成各种各样的杂务。招聘业务经理为此挠破了头皮，最后我请劳累过度的她在 Craigslist 上发布了招聘信息。

几天之后，我问她招聘的情况。"太糟糕了。我收到了 250 份简历。光读完简历就要花上大半天时间，而且简历还在不断涌进来。"我没有想到，因为就算在经济衰退时期，如果你想吸引软件工程师来面试，还要用高昂的薪资和慷慨的股票期权组合作为诱饵。我让她看一下大约前 100 份简历，再选择 12 个跟我讨论一下。

当开始看简历的时候，我惊呆了。大部分申请人对于这份入门级的工作来说，条件都太优秀了。这份工作的起薪为每年 2.9 万美元，但所有申请者中不仅有本地大学的 MBA，有曾经工作多年现在又想重返工作的主妇，还有在无关领域具有广泛技能的人，他们都急迫地想获得任何可以提供薪酬的工作。甚至有些人提出，为了证明他们的能力，可以免费工作一段时间；有些人则坚忍地承诺如果我们愿意给他们一个机会，他们愿意无限期地接受更差的待遇。

虽然很悲伤，但是我知道我不能雇用一个对工作不满意，总是在寻求更好机会的人。所以我选择了两三个具有适当资质的候选人，让他们来面试。这是个艰难的选择，最后内斯特在微软 Office 软件方面的强大技能以及他对我的问题恰当而直接的回应为他赢得了这份工作。

但是我不知道的是他在来到我这里之前的经历。内斯特在加利福尼亚州出生和长大，父母是努力工作的移民。他的父亲在菲律宾作为机械师入伍美国空军，随后移居到了美国，最终在一家主流通信公司获得了一份在住宅中装电话线的工作。内斯特和他的姐姐以及弟弟在戴利城（Daly City）长大，这是旧金山南部近郊的一个工人住宅区。1994 年，他从威斯特摩高中（Westmoor High）毕业。

内斯特的父母是美国梦的忠实信徒，并且坚信大学教育将会成为通往更好生活的通行证。对于内斯特来说，实现目标最现实的方法就是到本地的社区大学上学。在 4 年学习中，他一边上课一边兼职，并成功地转学到旧金山州立大学。另一个 4 年之后，他已经 28 岁，完成了父母对他的期待：获得了一个大学文凭。（不幸的是，他的母亲没有能够亲眼见证这一切。她在一场慢性病之后，于 2007 年死于结肠癌。）有了新的文凭，他的目标是找到一份全职工作。

内斯特每天至少要花 8 个小时浏览招聘信息、写求职信、投简历——通常每天都要投 20~30 份简历。他无休止地投了 3 个月，一周 5~7 天，每天 20~30 份简历，在 3 个月的时间内一共递出了 1 800 份工作申请——然而，一个面试邀请都没有。

在这种时候，有些人可能会感到有些气馁，不再寻找。但是内斯特不是这样的人。除了韧性之外，让他继续前进的还有他和自己青梅竹马的女友的约定——他一旦找到一份稳定的工作，他们就会立即结婚。所以，他必须成功。

内斯特突然获得了一个喘息的机会。事实上，同时出现了两个机会。我们让他来面试接待员的工作，而企业租车公司（Enterprise Rent-a-Car）给了他一个销售管理培训生的职位。

碰巧，他的一个朋友已经在企业租车公司里面工作了，他给了内斯特一些关于这个职位的信息。这个头衔虽然听起来不错，但是这份工作要求他每天工作 10 个小时以上，而 Winster 提供了基本相同的薪资，却只要求他工作 8 个小时。而且，如果去那家公司，他就完全无法控制自己的时间。那家公司要求他一周 7 天随叫随到，不管白天还是晚上，完全由公司来裁定；在完成一定量的销售之后，员工就有资格升职，但是并没有保证。所以最后内斯特接受了 Winster 的工作。

内斯特从来没有过主动不上班的情况。有时候，他会一边打喷嚏一边咳嗽来上班，但是为了保证办公室其他人不被传染我们只能让他回家。你甚至可以根据他的到岗时间在 9 点准时对表，如果在一天结束时有什么工作没有完成的话，他会自动留下来做完。他什么都得干——在一周一次的公司午餐后打扫卫生、因为一根奇怪的电缆而跑到史泰博① 去、为生病的员工挑选慰问卡。而且，长久以来，无论我怎么劝说，他都坚持要征得我的同意才去吃午饭。

有一天，我惊讶地得知他的车要无限期地待在修车铺里了，凸轮轴烧断了。直到他领到工资的那天他都无法支付 500 美元的修理费。他是怎么上班的呢？因为当时他是家里的顶梁柱，所以他的家人决定，他的弟弟就算缺课也得把车借给内斯特用。

2012 年中旬，我们把 Winster 卖给了另一家游戏公司，内斯特也失业了，所以他又开始找工作。我给他写了一封一流的推荐信，但却没有什么用——甚至都没人想要看一眼。不过这次，事情变得简单了一些。他只用两个月时间就收到了一份笔试邀请，这份邀请来自他父

---

① 史泰博（Staples）是一家全球 500 强办公用品公司。——译者注

亲工作过的那家电信公司，职位是房屋安装工。这份工作基本上就是他父亲为住宅装电话线的升级版本，除了电话线之外增加的是电缆线和网线。

在申请之后，内斯特发现大概有 100 个申请人在竞争同一岗位。为了找到更适合这份工作的人，他必须要通过两个小时的能力测验。测验中的内容并没有通常的高中数学或英语，而是考察申请人对于架线标准和安装实践的知识。换句话说，如果你没有这份工作所要求的具体技能，或者没有自学这个科目的勤奋（这家公司没有预先提供任何训练材料），你就不可能得到这份工作。内斯特的最大优势在于他的父亲可以在这方面教给他一些东西。

但这还没有结束。接下来，公司召回了 50 多个人进行面试。轮到内斯特时，他被两个不同的人面试，每人问了 10 分钟。他肯定是成功了，因为接下来他们要求他去一家医疗机构做体检和药检。公司最终把工作给了他，并且起薪比 Winster 的年薪高 6 500 美元。他兴高采烈地接受了工作。

最终，内斯特发现这份工作并不是他所期待的。那里的工作条件堪比 19 世纪的工厂，大量目的在于保护工人的明文条款、规章制度和保障措施却只是一纸空文。他有时被要求一周连续工作 6 天，经常是每天 12 个小时或 14 个小时。如果拒绝加班就会被视为"不服从上级"，这个规定提供了终止合同的根据。如果顾客正在等待约定的安装或者维修预约，那么他的小组中没有一个人可以回家，不管多晚。有时，直到午夜他才能完成工作。

在妻子上床睡觉前，内斯特很少能到家。在大多数日子中，他只有一个小时的休闲时间，他一周用来见家人的时间只有几分钟。他的上一个假期还是他刚刚入职 Winster 的时候休的，他当时抽出一些时间结婚并在夏威夷度了几天蜜月。在之后 5 年中，他都没有再休过假。

内斯特研究了公司可能会提供学习机会的职位或者发展某种职业途径的可能性。但是在"第二十二条军规"①下，如果没有征得他上级的同意，他无法申请任何内部调任，而且没有一个人——在他 18 个月的工作任期内共有 5 位领导，却没有一个人愿意给他一次机会。也许是，他所在的岗位特别需要他吧。

知道那些烦扰你填写的顾客满意度问卷最终流向何处了吗？如果一位顾客对服务不满意，安装者就要被叫到办公室接受训话。除非有一个合理的解释，否则雇员就会被常规性训导——停薪留职。

在经历了一年半钻房子和爬屋顶的工作之后，内斯特精疲力竭，他的腰已经损伤了。某一天早上，当他背着沉重的器材进入一位顾客的家中时，事故发生了。他的做法符合他原以为正确的程序，他给自己的上级打电话。没人接，所以他留下了一条信息。带着剧痛，内斯特返回了派遣仓库——但这些都是在安装完毕之后，因为他害怕被训话。最终，他还是被责骂了：因为他工作期间受伤之后，没有立即更加努力地寻找自己的上级。他被停薪留职了三天。

在坐骨神经痛和下背部疼痛的康复阶段，公司安排他从事"轻负荷工作"，基本上就是坐在办公室给顾客打电话核实他们第二天的预

① 出自美国作家约瑟夫·海勒（Joseph Heller）的小说《第二十二条军规》（1961），代指互相抵触之规律或条件所造成的无法脱身的困窘。——译者注

约。他的雇主很明显期望他讨厌这份工作然后主动辞职，但是他们不了解内斯特。他始终坚持他特有的乐观态度。暂时的休息给了他时间让他重新思考：如果他总是不在家，刚出生的儿子的生活会是什么样的？所以他抓住时机，看看有没有机会找到一份工时更合理的工作。在发送了如暴风雪一般的简历之后，他最终获得了一个机会……来自企业租车公司，而这时候他差点就要绝望地放弃寻找了。

虽然工作环境非常差，缺乏尊重，也缺乏晋升前景，但内斯特却对这份工作和薪水充满感激。用他 8 年的辛苦努力换来的大学文凭失信于他，并没有为他带来比父亲更好的生活，而他也平静地接受了这个事实。

他的父亲怎么样了？在退休几年之后，他拿定主意，他不喜欢退休，于是他在老雇主那里找了一份房屋安装工的工作——薪水只是以前的一半。更糟的是，这个职位离家非常远。在接近一年的时间里，他忍受了每天几个小时的通勤时间，于是他决定搬家，把他在戴利城的房子留给几个孩子。

内斯特很为父亲感到高兴。他也认为自己很幸运可以继承房子的部分利益，这座房子是他父亲在几十年前用积累的存款购买的，那份工作本质上和内斯特现在从事的工作相同。没有这些，他不可能攒到足够的钱为类似的房产支付首付，更没有资格申请贷款，特别是考虑到他如山般的学生贷款债务，在可见的未来他必须一直偿还这笔钱。

我问内斯特他是否担心我讲述他的故事会对他的就业状况造成影响。"并不会，"他考虑后说，"和我一起工作的人大概永远都不会看你的书。"

就像我的故事一样，内斯特的故事最后结局也算不错。算上他的加班费以及他妻子和兄弟的努力，他的家庭收入大大超过了全美家庭收入的平均数，也就是 53 046 美元（2012）。加上他对房子的部分所有权以及他父亲留下的其他资产，他的资本净值也远远超过了 77 300 美元（2010）。[16] 也就是说内斯特和他家人的财政状况比美国半数家庭都要好。但是他还是很担心自己会被抛在后面。"我不能说我们过得比别人好，我也不能说我们没有任何财务问题……我能说的仅仅是，我们会尽全力在竞争激烈的经济环境中生存下去"。

到目前为止还不错。

自动化，终将打破平静

对内斯特未来真正的威胁甚至还没有出现在他的视野内。很明显，他那个确认顾客预约的任务可以轻松实现自动化。但同时他的整个职业生涯都受到了技术进步的威胁，这种技术就是广域高带宽无线通信技术。这些系统利用强大的计算能力以及复杂的适应性 AI 算法，根据多个接收器同时接收的信息不断调整无线电信号，这样整个系统就不需要在本地部署接线装置了。[17]

这种技术中的其中一种叫作 DIDO（分布式输入输出），由硅谷创业者史蒂夫·珀尔曼（Steve Perlman）开发，他之前的成就包括QuickTime 和 WebTV。如果他的方法能够在市场中胜出，他就能在自己丰厚的财产上再增加一笔可观的收入，而 25 万正在从事安装和维修接线工作的美国人将开始申请企业租车公司的初级职位。[18]

08.

未来的工作

无论你的领子是什么颜色，机器都会毫不留情

HUMANS NEED NOT APPLY

A Guide to Wealth and Work in
the Age of Artificial Intelligence

不管你在新闻里听到的是什么，全球变暖并不是一无是处。几家欢喜几家愁，决定因素在于你所处的地方。对于我来说，我居住的地方有点冷，全球变暖予我的好处是，这个地方的平均温度预计在几十年后会升高几度。听起来不错。

全球变暖本身并不是问题。毕竟，地球上的生命在无数次冷却和加热的循环中都幸存了下来。全球变暖真正的问题在于它的变化速度。如果没有足够的时间让生物去适应，快速的气候变化将会种下灾难的种子，更别说是不稳定的天气模式了。毁灭性的气候变化的结果可能会影响几个世纪，在这段时间里各式各样的物种的栖息地会遭受可怕的灾难，从而导致生物大灭绝。

淘汰的不仅是工作，更是技能

科技变化带给劳动市场的影响也是如此。只要改变是平缓的，市场就会自动作出调节。如果改变得过快，市场就会变得一片狼藉。就像我对特定环境的偏好一样，这种局面同时会制造赢家和输家。

人工智能领域的最新进展对科技变化的促进作用可能会以两种基本的方式搅乱我们的劳动市场。**首先是一个简单的事实，大部分自动**

化作业都会替代工人，从而减少工作机会。这就意味着需要人工作的地方变得更少了。这种威胁很容易看到，也很容易度量。雇主们会大量引入机器人，并把工人清走。但是有时候变化并没有那么明显。每一个新的工作站服务器都可能会减少 1/5 个销售人员，或者免费的Skype 电话可能会让你每周可以有一天在家更有效率地工作，从而雇用新员工的需求就被推迟到了下个季度。

如果这些情况慢慢发生，这种现象带来的效率提升和成本上的降低最终会制造财富、刺激工作机会增长，而这些好处会补偿其他方面的损失。这些增长可能会直接出现在新近改良过的企业中，因为更低的价格和更好的质量会增加销量，从而创造雇用更多工人的需求。对于那些不需要再为某些商品或服务支付那么多钱的顾客来说，他们可能会决定把钱花在经济体系中不搭边的另一个领域。如果钻井技术让天然气的价格下降，那么你就能省下更多的钱买那艘你早就看中的帆船了。

第二种威胁更加微妙，更难预测。很多科技进步会通过让商家重组和重建运营方式来改变游戏规则。这样的组织进化和流程改进不仅经常会淘汰工作岗位，也会淘汰技能。

银行安装了 ATM 机之后可能会裁掉出纳员；提升的服务会创造雇用网络工程师而非出纳员的需求。就算银行最终增加了工人总数，出纳员仍然不那么走运。纺织工最终可以学会操作织布机，园丁能学会使用割草机，而医生则学会了使用计算机来选择正确的抗生素——一旦他们意识到合成智能的判断优于他们自己的专业意见的话。但是学习新技能并不是一蹴而就的事，有时候富余的工人就是没有适应的能力——只好等待新一代工人的出现。

举个例子，我们经历过的成功的劳动市场转型——农业。19 世纪时，农场仍然雇用了 80% 的工人。[1] 想想这意味着什么。到目前为止，食物生产仍然是人们为了生活而从事的首要任务，所以毫无疑问，这样的模式自从 5 000 年前农业发明之时起就从未改变过。

但是到了 1900 年，这个数字就下降了一半，达到 40%，而今天只有 1.5%，包括无报酬的家庭自有农场和非法入境的工人。[2] 基本上，我们成功实现了用自动化取代近乎所有人的工作，但是却没有造成大规模失业：人们从劳动中解放出来，开始从事很多其他富有成效并能创造财富的活动。所以在过去 200 年的时间里，美国经济每年可以吸收约当年 50% 的农业劳动力，同时不造成任何明显的混乱。

现在，你可以想象一下如果这一切发生在 20 年间，而不是 200 年间的情景。你的父亲在农场上工作，你的爷爷也是。农业上的巨大变革彻底改变了整个产业，这一切似乎就发生在一瞬间。土地上闪亮的新耕种机、新打谷机、新收割机隆隆作响；空气里弥漫着柴油机味道。食物价格直线下跌，在财资雄厚的华尔街金融家的支持下，企业开始收购世界各地的农场。几年之内，你家的农场和所有的一切就会被止赎权夺走，只剩下一本《圣经》。

你和你的 5 个兄弟姐妹平均只有三年级的教育水平，你们发现自己的各种技能，比如给马修蹄、犁直沟以及给干草压捆，现在已经完全没有用了，你的邻居们也是如此。但是你们还要吃饭。你朋友的朋友每天要花 12 个小时操作一台新机器，换来了一日三餐，他可能是在堪萨斯州首府托皮卡（Topeka）找到这份工作的，所以你搬到了围绕在主要中西部城市边缘的广阔的帐篷城中，希望能找到一份工作——任何工作都可以。不久之后，你得到消息，父母为了给最小的妹妹买药而卖掉了《圣经》，但她还是死于痢疾。最终，你失去了其他兄弟姐妹的消息。

　　对于仍然有工作的 1% 的人来说，他们住在小小的社区住宅中，勉强过得去，但是他们却是所有其他人羡慕的对象——至少他们头顶上还有一片坚实的屋顶。每天，你都在他们带有关卡的社区外排队，希望能获得为他们洗衣服或送午餐的机会。有传言说那位改变世界的赫赫有名的企业家的女儿用他的巨大财富建造了一家绝妙的艺术博物馆，这家博物馆由水晶构成，坐落在阿肯色州的一座小镇里。但是所有这些都发生在革命之前。在那之后，事情变得非常糟糕。

我要说明的是，我认为一个类似的翻天覆地的变化正迫在眉睫，虽然这个变化肯定没有这么戏剧性，而且会更加人道。

智能洞察
HUMANS NEED NOT APPLY

人造劳动者会取代对大部分技术工人的需求；合成智能会大面积代替需要由受过教育的人来完成的工作。在应用的最初阶段，很多新的科技会直接代替工人，用几乎同样的方式完成工作。但是其他创新不仅会让工人闲置，还会淘汰他们所从事的工作种类。

　　想一想亚马逊一直以来在仓库中改善存储模式的方式。如果一个人要做仓储计划，商品可能会以一种既有逻辑又易于理解的方式来规划，比如相同的物品放在一起，这样当你想要拿某样东西时你就知道去哪里找。但是亚马逊构建的这类合成智能并不服从这样的限制。类似的物品可能会被放置在经常一起配送的其他物品旁边或者任何一个可以堆放得更紧密的架子上。对于人来说，看起来一团糟——不同尺寸和形状的产品被随意地塞在每个角落，这就是为什么这种类型的仓库组织被称为混沌存储。³但是合成智能可以跟踪所有物品并把工人精准地引导到正确的位置上来完成订单，这比任何人类组织者都更有效率。

引入这项创新的一个副作用就是，这种方式减少了仓管员必需的训练和知识，让他们更容易被人造劳动者所取代。这些雇员不再需要熟悉商品在架子上的位置；确实，让人们在一个随意而且不断变化的环境中做到这点近乎不可能。作为第一家简化这项工作所需技能的公司，亚马逊现在可以更换那些忙碌地穿行在仓库中拣选订单的工人了。这大概就是亚马逊在 2012 年花了 7.75 亿美元收购机器人服务公司 Kiva Systems 的原因吧。⁴

智能洞察

HUMANS NEED NOT APPLY

亚马逊仓库的例子正是合成智能会对我们的世界造成深远影响的一个例证。维持秩序的需求并不只限于仓库，而是对于所有事物的要求，是由人类思维的局限性所驱动的。合成智能却没有这样的局限，而且它们会把我们生活的很多方面从井井有条转变成杂乱无章。我们本来的目标是要把智能领域和物理领域修葺一新，结果却制造了无法通过的缠结的荆棘。

当大多数人想到自动化时，他们通常想到的仅仅是对劳动力的替代，或者对工人速度或效率的提升，他们想不到的是由流程再造导致的大面积破坏。这就是为什么有些你认为绝对不会被自动化取代的工作，可能最终还是会消失。

研究中经常被引用的一个例子是，需要优秀人际交往能力或说

服能力的工作是不太可能在不远的未来实现自动化的。但是事实并不一定如此。（就像我在第 4 章中说到的，据 Rocket Fuel 的 CEO 观察，他们公司的广告投放服务在很大程度上取代的就是说服人的技能。）

HUMANS
NEED NOT
APPLY

人工智能的未来

成功的销售员必将失业

A Guide to Wealth and Work in the Age of
Artificial Intelligence

让你相信你穿上某套衣服就会精神焕发的能力肯定是一个成功销售员的标志。但是当你可以询问上百位消费者时，你为什么还需要他？想象一家服装店，他们可以模拟你穿上不同衣服的照片，生成的图像可以通过模糊面部实现匿名立即被放到一家特殊的网站上，那里的用户可以提出自己的观点，告诉你哪件衣服让你显得更瘦。几秒钟内，你就会从毫无任何偏见的陌生人那里得到客观的、可靠的反馈，如果你完成了购买，他们就会获得积分。这个概念被称为"众包"（crowdsourcing）。既然你能免费获得答案，为什么还要依赖由佣金驱动的销售员呢？

经常失业的人与没有人想雇用的人

考虑到自动化对劳动力造成的两种不同的影响——代替工人以及让技能变得无用，经济学家为这两种失业类型取了两个不同的名字。**第一种被称为周期性失业，指的是人们在就业和失业之间循环。**[5] 在经济萧条时，待业的穷人数量可能会增长，从而导致更高的失业率。但是从历史上说，一旦经济复苏，闲散的工人就会找到新的工作。失业的人数减少，同时待业时间也会变短。这种情况就像房地产市场一样：在一个不景气的市场中，待售的房子会更多，这些房子的销售时间也更长。但是当市场回暖之后，富余的库存马上就会被消化一空。

在我获得美国劳动市场的人员流动数据后，感到很吃惊。在2013年这个还算普通的年份，40%的工人换了工作。[6]这是一个流动性很强的市场。与此相对的是，每年只有不到4%的房屋被卖出。[7]所以当我们谈论8%的失业率时，不需要多久，新创造的工作和失去的工作在速率上的小改变就能吸收这部分失业率，或者相反，让更多人失去工作。

另外一种失业形式被称为结构性失业，它意味着有一些失业的人完全无法找到合适的工作。他们整天发送简历，但是没人想要雇用他们，因为他们的技能找不到对应的工作。[8]用房地产市场来说，这种情况类似于待售的房屋类型不适合已有买家。想要3个孩子的夫妻相比于想要更少孩子的夫妻需要更多的卧室，或者对于那些需要乘坐飞行汽车上下班的人来说，他们需要从平屋顶起飞，而目前的大多数房子都是尖屋顶。

正如你在这些例子中所看到的，让理想房屋的条件发生改变的因素通常变化得不快，所以建筑者和改造者有很多时间来适应。但是对于自动化来说却并非如此，因为发明的节奏和应用的速度变化得很快，同时也无法预期，整个劳动细分市场特性的变化速度会比人们学习新技能的速度快得多——如果他们还能被重新培训的话。我们之所以被这些变幻无常的潮流冲击得东倒西歪，就是因为这些变化很难预期，同时也几乎无法测量。

研究劳动市场的经济学家和学者们对于可以量化的问题有着天然的偏见。可以理解，如果要拉响可信警报，他们必须要有相应的硬数据。

他们的结论必须经得住客观、独立的同行评审，这基本上就意味着他们必须靠数字说话。但是正如我在商业中学到的，电子表格和财务报表只能表达特定的东西，而那些无法简化成到能度量的趋势经常是主导结果的关键。（当然，这里要说明一点，既让人头疼又难以预测的商业周期之所以折磨着我们的经济，很大程度上正是因为回报很容易计算，而风险则不是。）我见过的作出过极其细致但非常虚假的销售预期的管理团队数量不计其数。在工作时，有时我感觉自己作为管理者最重要的贡献，就是预期那些还没有变成可量化形式的数据。

对于整个劳动市场来说，失业统计或者变化率总计会模糊真实的情况，因为有用技能的种类在不规律地改变。消失的劳动栖息地和进化中的工作生态交织成了一张大网，这张网所具有的复杂度无法用传统数学工具来分析，这就是为什么量化整个过程的努力经常会被淹没在图表的海洋中，进而徒劳一场。

幸运的是，我并没有被同样的专业限制所束缚，所以系紧安全带，准备来一场通往未来的快速旅行吧。我的方法是通过一些具体的例子，用类比的方法来描绘一幅更广阔的图景。让我们先从零售业开始——据美国劳工统计局（BLS）确认，这是最大的商业工作市场。9

美国劳工统计局的报告称，全美国有 10% 的工人或者说接近 1 450 万人在零售业工作。10 为了分析行业动态，我们先把销售员当作整个群体的代表。美国劳工统计局预测，这类劳动力（在 2012 年为 440 万）会在下一个 10 年中增长 10 个百分点，达到 490 万。但是这个预测的根据是目前的人口统计趋势，而不是这个行业目前形势的定性分析。

为了弄清楚真正发生了什么，可以想一想从实体商店到线上零售的转型对就业造成的影响。一个有效的办法就是使用一种名为员工平均收入（revenue per employee，RPE）的统计方法。这是一种衡量公司效率或者至少是劳动力效率的标准计量方式。

亚马逊是最大的线上零售商，它的员工平均收入在过去 5 年中的平均值为 85.5 万美元。[11] 而沃尔玛，作为最大的实体零售商，它的员工平均收入大约为 21.3 万美元——零售业的最高收入之一。这就意味着为了完成 100 万美元的销售额，沃尔玛需要雇用 5 个人；但是要想达到同样的销售额，亚马逊只需雇用 1 个人多一点就够了。所以当销售额每从沃尔玛流向亚马逊 100 万美元时，就可能会有 4 个工作岗位流失。

现在，两家公司销售的商品基本差不多，而且沃尔玛也会在网上销售不少商品，所以因转移到线上销售而损失的工作数量被低估了。并且这两家公司都没有按兵不动，它们在未来很可能会变得更高效。

为了确定工作流失的上限，我们可以想象如果所有零售销售额都忽然神奇地从沃尔玛这样的商店转移到亚马逊这样的网站上的情景。10% 的劳动力主要为商店工作，他们会被为线上零售商工作的那 2% 劳动力所取代。也就是说美国减少了 8% 的工作岗位，比 2014 年整年的失业率都高。那么我们有大麻烦了吗？不一定。当然，不是所有销售都会转移到线上——你最喜欢的商场不会关门，而且变化肯定需要一些时间。但是，要多久呢？

虽然看起来声势浩大，但是美国现在只有 6% 的零售销售发生在线上。这个数字在过去 4 年中一直都在以每年约 15% 的速度持续增长。[12]

如果线上销售在未来 20 年里一直以这个速度增长（虽然不太可能），如果所有零售业的增长都流向了线上市场（同样不太可能），线上零售届时顶多会占据半数的总零售销售额。以过去 20 年的经验看，总零售额大概会翻一番，但是伴随销售额增长所增加的工作岗位大约只有 10%。[13] 而且在这种假设中，实体商店完全不会发展壮大，这也不太现实。

人工智能的力量
HUMANS
NEED
NOT APPLY

与此同时，劳动力数量会发生什么改变呢？根据精确的人口预测，美国劳工统计局估计未来 20 年中劳动力数量只会增长 12%。[14] 换句话说，从实体商店到劳动力效率更高的线上零售，这场巨大的变革在这段时间内很有可能只会造成 2% 的就业负面影响（也就是说，12% 的劳动力增长只会稍微超过 10% 的零售工人需求）。每年需要经济来吸收的失业率只有 0.1%，而在过去 200 年中平均每年的农业工作流失率达到了 0.5%。故事还会朝着更好的方向发展。如果零售销量翻番的话，新的工作当然会在各种行业中产生，和商品相关的设计、制造、物流会慷慨地补偿其他方面的损失。

我刚才把物流加入这个名单了吗？不好意思，物流完全是另一回事。在 2012 年，美国有 170 万个长途卡车司机。这些人的工作就是操作牵引挂车以及其他大型货运车辆，这些车辆经常出入于州际高速公路。BLS 预测，对这些司机的需求会在下一个 10 年中增长 11 个百分点。不可能。

你可能认为在高速公路上驾驶相对于在一般街道上需要更高的技能和更成熟的经验，然而对于自动驾驶技术来说恰恰相反，这种技术是合成智能和人造劳动者的绝妙结合。高速公路通常都保养良好，公路上随意移动的障碍物更少（比如行人和自行车），也比你家附近的街道容易预测。

HUMANS
NEED NOT
APPLY

人工智能的未来

A Guide to Wealth and Work in the Age of
Artificial Intelligence

反应时间为零的自动驾驶车队

自动驾驶卡车的技术今天已经存在，而且已经可以用非常合理的价格改装到现有的车队上了。装备有这种技术的卡车可以"看到"所有方向，而不仅仅局限于前方的视野，这些车辆可以在完全黑暗或灯火管制的情况下行驶，它们会即时分享路况、附近的危险以及它们自己的意图。（基本上，它们可以依赖于名为"激光雷达"的精细 3D 雷达，结合详细的地图和GPS，所以不需要车头灯。）

更妙的是，它们的反应时间接近于零。所以，自动驾驶卡车车队可以在相互间距只有十几厘米的情况下安全行驶，这样的车队可以减少道路堵塞，并节省15% 以上的燃油。[15] 交货会变得更快，因为它们可以不停歇地运行，中间不需要在路边停车。它们不会疲惫、酗酒、生病、分神或者感到无聊；它们不会打盹、打电话或者为更好的报酬和工作条件而罢工。花费了 44亿美元并夺走 3 800 条生命的 27.3 万起大型卡车事故（2011）在未来可以避免多少？[16] 请允许我指出，单单这项创新每年拯救的生命就比在"9·11"世贸中心灾难中丧命的人还要多。

这种系统并不是关于未来的白日梦，它已经在真实的高速公路和其他场地上进行了测试。不久前新闻就这样报道过："力拓集团（Rio Tinto）在皮尔布拉铁矿放出了由 150 辆自动驾驶卡车组成的车队，这是世界上自动驾驶卡车车队的第一次重大应用。在为期两年的试用期中，从一开始，自动驾驶卡车每天 24 小时都在运行，并且在 14.5 万圈的运输中搬运了 4 200 万吨物品。它们行驶的公里数超过了 45 万公里。我们通过 1 500 公里之外位于珀斯（Perth）的操作中心控制卡车。卡车的路线是事先预定好的，从装载区域到卸货地点，GPS 系统实现了自主导航。"[17]

就算你不是个未来主义者，也该知道即将会发生什么。在 10 年后会有接近 200 万位长途卡车司机吗？我怀疑美国劳工统计局这次错得有些离谱——更有可能是接近于零。但是这只是自动驾驶技术的应用之一。超过 570 万得到许可的美国商业司机（2012）会因为这种技术的变种而失业吗？[18] 总之，我不会向我的孩子推荐这种职业。

被侵占的蓝领劳动力市场

如果从总数上看，司机很有可能会陆续失去工作，而零售业的雇员则不会。但是，这里还有意料之外的一点——原始数据会模糊更加深刻的事实。**真正的问题并不在于有效的工作岗位总数，而在于完成这些工作所需的技能。**

从这里开始问题就要变成定性的了，所以请允许我为你们描述一些场景。在商店里卖东西的技能和维护线上零售网站的技能有很大的差别。让一位能指出沃尔玛售鞋货架在哪里的和蔼老太太去监管亚马逊的商品评论并不是件容易的事。一位卡车司机可能高中毕业，也可能没有毕业，他熟悉电脑的唯一领域就是观看 Netflix[①]，他可能无法胜任很多其他工作，特别是在这样的情况下：**各行各业的蓝领工作很有可能已经被自动化接管。在自然环境中可以感知和运行的机器人设备将会大批量取缔劳动力市场。简而言之，人造劳动者正在从各个领域进攻而来。**我在这里先描述几种。

在黑暗中工作的机械工人

正在进行中的项目会威胁到剩下的 200 万～300 万美国农场工人的生计。[19] 2010 年，欧盟开始为"农用聪明机器人"项目（Clever Robots for Crops，简称为 CROPS）提供资金。正如项目负责人所说："农用机器人必须具有智能，只有这样它们才能在松散、动态、不友好的农业环境中稳定地运行。"[20]

Agrobot 是一家在加州奥克斯纳德（Oxnard）开办的西班牙公司，他们制造的商业机器人可以采摘草莓。[21] 在采摘过程中这种机器人只能识别足够成熟的水果。好消息是他们正在招人，但是你必须有一个工程学学位才行。我怀疑这对于埃尔威亚·洛佩斯（Elvia Lopez）来说谈不上什么好消息，他是一个 31 岁的善良的墨西哥移民，他在加州圣马利亚以采摘草莓为生（《洛杉矶时报》曾报道过他）。[22] Agrobot 并不是抓住这一机会的唯一一家公司：一家日本的竞争公司宣称他们的技术可以减少 40% 的草莓采摘时间。[23]

蓝河科技（Blue River Technologies）是一家获得风险投资的硅谷创业公司，由斯坦福大学的毕业生带头创建，他们开发

① Netflix 是一家在线影片租赁提供商。它能够提供超多数量的 DVD，而且能够让顾客快速方便的挑选影片，同时提供免费寄送服务。Netflix 可以通过 PC、TV 及 iPad、iPhone 收看电影、电视节目，也可通过 Wii、Xbox360、PS3 等设备连接 TV。——译者注

出了可以除草的机器人。这里引用了一些他们的宣传资料："我们创造的系统可以区别作物和杂草，可以在杀死杂草的同时不伤害作物或环境。我们的系统使用摄像机、计算机视觉以及机器学习算法。"[24]

请注意，这些汹涌而来的机械工人并不一定非要比将要取代的工人速度更快，但是它们可以在黑暗中工作！

完全不输人类的机器仓管员

除了挑选订单和包装货物，正如我在上面所说的，还有装货和卸货的工作。这些工作现在仍由人类工人完成，因为人的判断在运载车辆和运输集装箱中如何抓住和堆叠不规则形状的箱子这些工作中不可或缺。但是另一家硅谷的创业公司 Industrial Perception 正在改变这一切。他们的机器人可以检查卡车内部，选择某个物品，然后捡起来。正如他们被谷歌收购前官网上的宣传语，公司"提供的具有技能的机器人是决胜明日经济的必备品。"[25]

性工作者也要被替代了？

你可能认为性交易是只能由人类来完成的工作。对于美国大部分地区来说卖淫可能是违法的，但是出售成人用品并不违法。而这个产业将会彻底改头换面。位于新泽西的 TrueCompanion 公司以及类似的公司正在开发全尺寸交互式性爱娃娃——男版和女版都有（名字分别是 Rocky 和 Roxxxy）。[26] 这家公司的创始人道格拉斯·海因斯（Douglas Hines）之前在贝尔实验室的人工智能部工作，正如他在 2010 年的一次采访中所说："人工智能是整个项目的根基。"根据这家公司的说法："Roxxxy 可以参与讨论，也可以向你示爱。她可以说话、聆听，并感受你的抚摸。"[27]

正在全世界其他人工智能实验室孕育的项目不胜枚举。他们的目标任务包括叠衣服、洗盘子，以及把盘子放进洗碗机、给食品打包、取咖啡，其中有一个机器人甚至能控制升降机。[28]

律师，光环不再

到目前为止，我说的这些对于那些主要从事脑力劳动的人来说可能还算是个安慰，但是这种释然只是一种误会。就像人造劳动者将要取代体力劳动者一样，合成智能也将会席卷很多脑力工作。**无论你的领子是什么颜色，自动化都会毫不留情。**

我们先从律师行业说起。据美国律师协会估计，美国在 2010 年有 120 万执业律师，这些律师中约有 75% 是私人律师。[29]

要想在具有挑战的经济形势下获得专业法律学位是一件让人忧心的事。曾几何时，进入法学院是一种伟大的成就，更别说有机会成为事务所的合伙人了，这几乎就是过上好日子的保障。但是今时不同往昔。当更加务实的一代意识到现在的经济现实之后，法学院收到的申请数量一年不如一年。法学院招生委员会在 2014 年的报告中说，在过去的两年中，报名人数已经回归到了 1977 年的水平。[30] 新的毕业生可能要背负 15 万美元的债务，而 2011 年应届毕业生的平均起薪仅仅为 6 万美元，相比于两年之前下降了 17%。[31] 但是他们还算是幸运的：在 2009 年，35% 的法学院应届毕业生竟然找不到需要通过律师资格考试的工作。[32]

当然，对于律师来说有很多影响工作机会的因素，自动化肯定是其中之一。问题才刚刚开始。到目前为止，计算机在法律专业中的使用主要集中在存储和管理法律文档。这种现状减少了可计费时间，因为你不需要从头开始起草合同和摘要。但是一批想要融合法律和科技的新创业者正努力从很大程度上减少，甚至消除常见事务对律师的需要。特别在考虑了专业特性之后，创新者们发现就算把最有技术含量的工作委派给人工智能，它们也能驾轻就熟地完成。一般的商业合同，从契约、贷款、执照、合并文件，到购买协议，都具有很高的结构化特点，所以计算机程序可以轻松起草初稿文件，当然，我也不排除程序能够直接完成最终合同的可能。

比如法律科技公司 FairDocument。[33] 通过专注于财产规划这个定义明确而且相对常规的法律领域，这家公司可以在网站上接待客户，准备好初稿。潜在的客户会回答一些基本问题，然后律师们通过投标来获得业务。多数时候，如果这个案件相对直接简单，律师们就会通过 FairDocument 准备的财产规划来选择推荐的标准出价（995 美元），而通过传统方式获得这样的服务通常需要花费 3 500~5 000 美元。

你可能会想，这种方式只是减少了律师的收入，但是在接下来要发生的事中，律师们还是尝到了甜头。律师们不用再通过打电话或面谈的方式来了解、指导新客户或收集必要的信息，也不用再花费数小时来起草文件，他们可以让 FairDocument 和客户进行一个既详尽又结构化的线上咨询，解释必要的概念并收集客户的详细情况。软件随后会向律师交付一份草稿，显示出需要他特别判断或注意的地方。

杰森·布鲁斯特（Jason Brewster）是这家公司的 CEO。据他估计，FairDocument 把完成简单财产规划的时间从几个小时缩短到了区区 15~30 分钟，更别说他的公司还在为律师们挖掘和寻找新顾客了。

合成智能在法律专门领域攻城略地的表现还有一个更加复杂的例证，那就是创业公司 Judicata。[34] 这家公司使用机器学习和自然语言处理技术，把普通文本（比如法律原则或特定案例）转化成结构化的信息，利用这些信息可以发现相关的法院判例。比如，程序可以发现所有包含西班牙裔同性恋员工成功起诉不正当解雇的案件，通过朗读法院判决原稿，可以节省无数花费在法律图书馆或使用传统电子搜索工具的时间。

其他创业公司则在试图缩短早期案件评估、证据处理、文件审查、文件处理以及内部调查等旷日持久的过程。[35] 有一些人则通过实际的法律及案例研究来提供案件策略方面的建议，回答诸如此类问题：法官有多少次作出倾向于提交移送动议的被告的判决？又有多少次倾向于提出即决判决申请的被告的判决？让其他人在相似知识产权上犯错误的原因是什么？[36]

有些公司甚至开始考虑把机器从暗室搬到铭牌上。想象一下如果有一家律师事务所把自己命名为"机器人、机器人和黄"（Robot, Robot, and Hwang）①会怎么样。没错，这是个笑话，但是这家公司是真实存在的。初级合伙人蒂姆·黄（Tim Hwang）拥有哈佛大学的本科学位和加州大学伯克利分校的法学博士学位。这家公司的网站上写道："本公司力图在科技、创业以及计算科学的世界中引领思考，从而改变有些古板而保守的法律实践世界。"[37]

① 在美国，律师事务所通常由几位合伙人的名字命名。——译者注

虽然法律界试图保护其成员的生计，但是越来越多的创业公司正在突破现有的界限，他们通过在互联网上提供不同程度、不同形式的自动化法律建议来质疑法律的实践者与实践方式。比如，他们可能为了文件的准确性而雇用了几位律师，这些律师会在把文件发布给客户之前"复审"文档。但是大部分创业公司提供了另外一种格式，他们把个体从业者介绍给客户，确立工作（以及支付）关系，然后双方可以利用该公司提供的大量自动化支持来履行义务。

通过提供让律师在家工作的机会，可以避免办公室的费用；而用精心设计的计算机系统来替代熟练的法律助理，可以减少成本，这些实际意义上的法律事务所向从业者们提供了更具吸引力的选择，律师们可以变得更加独立，并且对自己的工作拥有更大的控制权。对于那些无法在传统公司获得初级职位的毕业生来说，这当然是一个绝妙的机会，但是对于那些有经验的合伙人来说，这样的条件也很有吸引力，他们可能厌倦了办公室政治或者不再想把大部分收入交给公司。这些趋势正在拉低高质量法律援助的价格，同时也提高了让上百万潜在客户获得法律服务的机会。

法学院也没有一成不变。比如最近的一门课——斯坦福大学开设的法律信息学，就是由法学院和计算机科学学院共同教授的。在这门课的描述中，有一部分是这样说的："正如自动贩卖机中的卡布奇诺一样，定制化的建议在网上随处可见，这时律师的角色是什么？注册这门课，你将会提前看到 5 年之后你的工作是什么样子。"

更强大的机器人医生

如果成为律师变得不再那么具有吸引力的话，那么成为医生呢？

虽然"乡村医生"的时代已经过去了，但是信息科技却也在以一种意想不到的方式改变着医疗从业者的角色。

最主要的变化来自一种日益普遍的认识，医疗并不是一种艺术，而是一种科学，相比于直觉和判断，这种科学在统计和数据的驱动下会得到更好的发展。在一去不复返的时代中，一个人至少有可能在一定程度上掌握基本全部的医疗知识，然后把这些知识应用到他们接触到的病例上。但是在过去的半个世纪中，大爆发式的研究和临床试验以及我们对身体和精神日益增进的了解，让个人全面掌握所有知识成为一件不可能的事，这个领域分裂成了无数种专业和业务。今天，你的"初级护理医生"更像是一个旅行中介而不是一个护理者，除了最简单的头疼脑热之外，他会把你引领到各种专家的领地。

但是这种对医疗护理分而治之的方式却有着隐藏的成本，随之而来的问题也变得愈发清晰。把多个职业医生的诊疗活动整合为一个连贯的医疗计划正变得越来越难，原因主要有两点。首先，没人能看到完整的问题，而且就算有人能做到，他们通常也缺乏规划最佳行动方案所需要的详细信息。其次，专家倾向于治疗自己专业领域内的具体病症或身体部位，但是他们对于这些疗法的副作用以及这些疗法和病人所接受的其他治疗之间的影响却知之甚少。

对于我来说，今天的行医方式让我想起了希罗尼穆斯·波希[1]的画作，在这些画中挥舞着小干草叉的恶魔们制造着各自独特的痛苦。

---

[1] 希罗尼穆斯·波希（Hieronymus Bosch）是 15~16 世纪的一位多产荷兰画家。他的多数画作描绘了罪恶与人类道德沉沦。波希以恶魔、半人半兽甚至是机械的形象来表现人的邪恶，并大量使用各种象征与符号。——译者注

从患者的角度出发，其心中的理想医生一定是一位精通所有专科领域的超级医生，他掌握着所有最新的医疗信息以及最佳的实践经验及方案。但是，这样的人类并不存在。

让我们看看 IBM 的超级计算机沃森。在《危险边缘》中打败冠军布拉德·鲁特（Brad Rutter）和肯·詹宁斯之后，沃森马上就被重新部署在这个新的挑战上。2011 年，IBM 和美国最大的管理公司 WellPoint 开始合作，把沃森的技术应用在提高病人看护质量方面。他们宣称："沃森可以博览 100 万本书或 2 亿页的数据量，并且在 3 秒内分析其中的信息并给出精确的回应。WellPoint 希望内科医生能够根据具体病人的情况简单地对沃森内部的医疗程序进行一些新条件的输入或微调，然后通过沃森超凡的能力在最复杂的病例中鉴定出可能性最高的诊断以及治疗方案的选择。我们期望沃森能在内科医生的决策过程中成为强有力的工具。"[38] 就像 IBM 在 50 年前进入人工智能领域的最初尝试一样，他们仍然小心翼翼，尽量不惹怒那些被他们夺走饭碗的人。但是，一个人用在决策过程中的工具却是另一个人通往失业的门票。

智能洞察

HUMANS NEED NOT APPLY

没有人愿意承认自己的工作专业领域即使对于专家来说也过于庞杂和多变。尤其对于医生来说，他们不愿意把对病人治疗方案的控制权拱手让给合成智能。但是最终，如果结果证明合成智能才是更好的选择，患者们便会主动要求去看能力更强大的机器人医生，而不是劳累过度的人类医生，更何况所需费用只会是人类医生的零头，正如现在很多人更喜欢让 ATM 机为自己数钱，而不是人类出纳员。

驾驶与教育，别再亲力亲为

医生和律师并不是唯一需要为自己的工作忧心的职业，这类领域还多的是。比如，如果今天经过高度训练的商用飞机驾驶员还心系乘客安危的话，他们就应该尽量减少亲自驾驶飞机的时间。到目前为止，飞行员的差错一直都是致命坠机的首要原因，虽然在过去 50 年间飞行安全有了显著提高，但是由于飞行员的差错所造成的事故仍然保持在 50% 左右。[39] 相比之下，机械故障只在 20% 这类事件中负有责任。现在的自动驾驶仪已经变得非常精密，所以驾驶员在特定情况下不能自己驾驶飞机，而是必须要使用这些系统。[40] 所以当你再看到一个训练有素的驾驶员坐在驾驶座椅上什么也不做时，可能就不会感到惊恐了，但是这可不包括驾驶员感到抑郁而蓄意把飞机坠毁的情况：在过去的 25 年中，有 3 起记录在案的商业航班事故，驾驶员因为上述原因杀死了飞机上的所有人。[41]

很明显，科技可以代替很多领域的教师和教授。现在，描述这种现象的流行语叫作翻转课堂（flipped classroom）——学生们在家观看讲座，并且在线上学习相关资料，然后在教师和教学助理的帮助下在学校完成作业。教师们可能不需要再备课和讲课了，他们的工作被缩减成"学习教练"。教师职业技能的减少无疑会改变这个职业，并且这种情况会为已然困难重重的教师们带来更多的挑战。

只有雇主愿意付钱的技能才有意义

说实话，以上这些已经是老掉牙的例子了。在接下来 10 年时间里，还有多少职业会被自动化攻陷？

人工智能的力量

HUMANS
NEED
NOT APPLY

上面的问题不容易回答，但是来自牛津大学的一组研究者已经勇敢地尝试用定量的方式给出答案，他们把近期的技术匹配到美国劳工统计局描述的 702 种职业所需的工作技能上。研究者们极其详尽而且富有洞察力的分析报告指出，美国 47% 的工作极有可能会被高度自动化的系统所取代，这些职业包括了很多领域的蓝领职业和白领职业。他们把这种现象特别称为"ML（machine learning, 机器学习）和 MR（mobile robotics, 移动机器人）领域的进展，ML 领域包含有数据挖掘、机器视觉、计算统计学以及人工智能的其他子学科"，这些领域的发展就是未来就业趋势走向的关键驱动力。[42]所以无论你接受与否，高达 50% 的就业岗位在不远的未来都有被机器占领的危险。

那些具有无用技能的剩余工人将会怎么样呢？我们需要旧瓶装新酒——并不是任何新技能都有用，只有雇主愿意付钱的技能才有意义。而唯一知道什么技能有用的人，就是雇主自己。

就专业培训而言，我们犯了两个错误。第一个就是过分依赖传统学校，让学校来决定应该把什么教给学生。我们认可的教育机构并不是因为对经济趋势的快速响应能力而闻名，而且订立课程表的管理者既没有经常出入于真实市场，也没有紧跟现在经济形势中最受重视的新技能，就算教育者们想这样做也无能为力。我一直都不明白为什么我的孩子在高中要学习书法、微积分、法语，而不是更加实际的技能，比如打字、统计性估计或中文（但是阅读和写作还算合理）。

当然，不是所有的教育决策都应该由雇用预期来决定。学习和培训不是一件事。培养全面发展、有历史知识、善于表达、考虑周到的公民是很重要的。但是除了核心基本知识——在我的想法中，记忆化学周期表或做偏微分数学题并不包含在内，教育的主旨应该是让学生们具备实用并且畅销的技能。我们应该关注的是求职训练，而非失业训练。

第二个错误在于一种心照不宣的假设：你首先应该上学，上完学再找工作。当工作和技能以一代人为时间尺度而变化时，这么想是很合理的，但是这种方式却不再适用于今天飞速变化的劳动力市场。生命中的这两个阶段需要紧密交错，至少获取新技能的目的及时机必须明确，机会必须无处不在。

解决这两个问题的办法就是开明的经济政策。**关于重新训练工人的话题有一个显而易见的问题：谁会掏钱为技能落伍的工人培训呢？一个同样显而易见的答案就是享受最大利益的人：工人自己。**但是这些不走运的失业工人如何能找到匹配自己能力并且对雇主有吸引力的培训？他们又如何负担得起这些培训？

就像我们有特别用于鼓励和支持购买私有房产的贷款一样，我们需要建立一种职业培训贷款系统，这个系统及其目的与传统房产抵押贷款之间具有相似的关系。在后者的交易中，当你获得抵押贷款的时候，向你贷款的政府或银行不会付清贷款，而你会。如果出现问题，比如你的房屋被烧毁或者你就是无法还贷，你可以离开，失去的仅仅是首付款，因为大多数抵押贷款都是"无追索权"贷款，这意味着在违约事件发生时对于出借人来说，唯一的保证就是财产本身。

因为你无法（或不愿）偿还每月的贷款而放弃房屋肯定是很痛苦的。你和出借人一样，都尽力想保证你是一个可靠的信用个体，双方都会努力确认财产与发放的贷款能匹配（或者至少在一定的安全程度下足够弥补贷款）。这就是为什么出借人需要对房屋现在的市场价值进行评估才能提供抵押贷款资金。而相似的原则可以应用在职业培训贷款上。

为了简单起见，我们先把这类贷款称为职业培训抵押贷款。以下至少是一种职业培训抵押贷款能够行得通的情况，当然这种贷款还可以有很多同样有效，甚至效果更好的变种。

你申请的是一份未来的工作

为了得到职业培训抵押贷款，你必须获得潜在雇主的资助（也许就是你现在的雇主)，就像是你为特定财产申请抵押贷款的情况一样。但是在这里，雇主并不会保证雇用你，而且你也不会保证接受特定的工作，当然在合理的预期下如果一切发展顺利的话，这种定向雇用是很有可能发生的。实际上，你申请的是一份未来的工作，而雇主会发出一份诚信意向书，表明自己在一段合理的时间内确实（或即将）需要为特定职位雇用像你这样的人。

雇主，为自己所需的技能埋单

雇主想必在寻找具备合适技能的工人的过程中遇到了困难，他们发起的赞助数量必须和可以提供的工作数量相同，所以能够获得工作抵押贷款的人数有着先天的限制。履行承诺的雇主可以获得一份减税优惠（比如，在前6个月减免工资税），这种机制会鼓励雇主们参与这个计划。从另一方面来说，在一定统计范围内，对于那些随意发出意向书并且最终没有坚持到底的雇主，政府可以对其进行评估然后处以罚款。完成这个计划的一个简单方法就是要求雇主张贴诚信的"保证书"，只有当缺人的时候他们才能发出这样的请求。雇主们同样也需要保证培训的特定方向(甚至是由他们自己提供的培训)是以所需技能为目标的。

培训机构，依靠贷款定向培养

培训机构注册的学生数量自然要和市场上可获得的工作数量相符，因为这些机构很大程度上需要依靠贷款来维持运营这些项目。培训机构也会尽全力紧密关注相关的技能；否则雇主不会批准这些不满足他们需求的训练。结果就是，政府不需要为这些项目建立正式的认证。实际上，市场自动调节的系统会完成这些工作。

学生贷款不再成为一生的重担

对于潜在的雇员来说，关键在于只用所得收入偿还贷款——以未来的薪水做保证。抵押贷款出借人为贷款设定的特定还贷收入比遵循一个合理的原则，就是把还贷金额限定在收入的一定比例内，比如实付工资的25%。而且一旦出现问题，需要有一种约定的内在缓解方式。比如，如果税后工资低于政府设定的贫困水平的150%，每月还贷的金额就需要限额或推迟。因为贷款只能从劳动收入中来，如果工人因为任何原因进入失业状态，还款就要实际暂停（当然利息仍然会累积），而且贷款会自动进行重新分期。

如果培训进行得不顺利，比如培训生不可能获得工作（而且也没有其他合适的职位），或者培训生偏偏决定不想工作，这个时候该怎么办呢？就像房屋抵押贷款一样，在培训后但失业的一段宽限期后，无论劳动收入多少，培训生仍然需要支付贷款的一部分，比如20%（典型的房屋首付）。这就是现在抵押贷款的管理方式，运行效果还不错。

这种方式还有很多需要进一步完善的细节，但是基本的想法就是通过规定和政策创造一种新型的金融工具，以作为学生贷款系统的替代或补充，因为现行的学生贷款机制在很大程度上已经支离破碎了。很多时候这个系统会让无辜的受害者背负他们难以偿还的债务，以盈利为目的的大学所提供的不充足的培训恰恰是这种债务的原因，这类培训的主要目的则是为了获得政府的贷款资金，而教育机构几乎不需要为培训结果承担任何责任。为了解决这个问题，一种还说得过去的方式就是通过排名以及其他诱导方式鼓励大学做得更好，当然最近美国政府也在治理以盈利为目的的大学的腐败行为，要求学校实现一定的毕业率和就业率。[43] 通过向雇主、出借人以及训练者提供合适的经济激励，我们可以把获取技能和重新培训的过程变得实用而人道，而且让这种方式比今天的系统更有效。

智能洞察 HUMANS NEED NOT APPLY

职业培训抵押贷款的概念是传统学徒制或实习模式的现代化自由市场版本。其主要的好处在于把培训和具体雇主或职位局部分离，使雇主和员工都处于有利位置。低收入的实习生职位所隐含的"卖身契约"让公司不得不运营自己的小型教育业务，而员工则仍然不被市场所接受或滞留在不理想的工作上；新的方式让人们可以在最合适的岗位上应用自己新获得的技能，而雇主们则可以从一个更大的高级工人资源库中挑选人才。这才是金钱应该在经济中起到的润滑剂作用。我一直不能理解，为什么我们在对待职业技能的问题上不能像对待其他资产一样？现有的机制某种程度上就像中世纪的期货贸易系统，耗费了社会的巨大财富。如果一流的运动名人可以担保自己的未来收入，为什么普通人不能呢？[44]

我提出的关于职业培训抵押贷款的具体概念可能是新的，但是基本方法肯定是早就存在的。经济学家米尔顿·弗里德曼在1955年写了一篇题为《政府在教育中的角色》（*The Role of Government in Education*）的论文，他区分了"公民的通识教育"和"职业或专业教育"。他建议后者应该和实体资产类似遵循投资分析，而且政府政策应该落实在促进这类培训的投资上（与财政补贴不同）。他认为："作为回报，个人同意未来每年每获得1 000美元收入（与培训技能相关的收入），会把超出1 000美元的*y*美元的*x*%用来偿还政府……还有一种替代方案，如果可行的话会是一个很理想的方法，就是把私人投资意向引导至这个方向。"[45]

确实，现在也有一些私人企业正尝试朝这个方向发展。[46]比如，位于芝加哥的Education Equity公司正在向进入特定核准项目的学生发放与收入挂钩的贷款，虽然现在只是在小范围内进行。[47]

带着这种观点，我们先暂时回到我的前雇员埃米·内斯特遇到的问题上。在我看来，他绝对是被我们的教育系统给辜负了。他在商业管理方面的学士学位似乎没有什么实际价值，至少对那些本地劳动力市场中的雇主来说是这样的，他们不会为他的技能掏钱。据报道，只有不到50%的旧金山州立大学的学生能在6年之内毕业，而在这样的学生中更是只有不到50%的人能在毕业后的6个月内找到全职工作。[48]

人工智能时代 HUMANS NEED NOT APPLY

（在这方面我找不到学校发布的官方数据。）尽管如此，这所大学维持现状的动机除了好意之外别无他物，他们更没有什么动力来改变现状，只要学生愿意上学和交钱（或者用贷款来支付学费）就可以了。本地雇主热切地希望学校培养出合格的求职者，所以如果大学招生的前提是满足本地雇主的期待或需求，那么我们有理由相信这个系统很快就会进入平衡状态。

全球变暖是一头鲁莽的熊，但我们不是。大多数动物天生没有足够的智慧来摆脱因栖息地环境的变化所造成的困境，但是我们有。持续的技术进步推动了劳动力生态系统的加速进化，迫使我们重新审视自己为子孙后代甚至自己准备的未来是否仍然能像我们期待的那样美好。

就像温室效应一样，过剩的工人和过时的技能也是经济进步加速的副产品，全球劳动力生态系统面临的潜在危险值得我们投入一定的注意力，至少要比得上对气候变化的重视程度。繁荣发展的引擎由创新提供动力，我们确实应该珍视这种力量——除非你是汽车尾气的爱好者。在回收自然资源的同时，一起回收智力资源肯定会为所有人带来好处。

09.

一个人机共生的时代

未来的经济生态

HUMANS NEED NOT APPLY

A Guide to Wealth and Work in
the Age of Artificial Intelligence

这是美国橄榄球第 59 届超级碗比赛的现场。西雅图海鹰队（Seattle Seahawks）刚刚在抛硬币环节中胜出，所以他们的新人先发球员得到了球，他把球有力地踢了出去。让所有人惊讶的是，球在空中完美地划过，进入对方球门的正中央，这是美国橄榄球联盟（NFL）历史上第一次开球射门得分。[1]观众陷入了疯狂！两次 10 码进攻①之后，海鹰队在 50 码线（约 45.8 米）处重新获得了球的控制权。跟平时通过并列争球把球向前推进的方式不同，他们再一次尝试射门。又一次完美的进球！ 3 分！而且一次接一次。观众们开始变得坐立不安，因为比赛并没有按照预期进行下去。在没有一次传球的情况下，他们连续 30 次射门得分。海鹰队在观众的倒彩声中获得了胜利。

每个人都意识到可能出现了一些严重的问题，但是他们却不知道到底是怎么回事。坊间充斥着各式各样的传言：海鹰队的新球员在某种程度上被基因改造了；耶稣终于回来了，他就住在西雅图；整个事件都是全球变暖造成的反常统计事故。

---

① 10 码进攻是连续 4 次攻击中的一次，每次控球队必须向前推进 10 码才能继续控制球。10 码约为 9.14 米。——译者注

很快就真相大白了，原来海鹰队启用了有史以来第一个轻量级智能定位鞋。这双鞋符合所有美国橄榄球联盟的规定，但是能把踢球者的脚精确地引导到最佳位置上。球员们不用再瞄准了，只要用最大力量挥腿就行了，所有这些能量会把球推向比平常远50%的地方，从而准确地射门得分。

一场场激烈的公众辩论接踵而至，人们分成了4个阵营。

保守派认为现行规则和条例是神圣而不可侵犯的。这些规定从他们记事起就运行良好，现在也完美无缺，不需要任何改变。如果球队想要创新，我们就不应该干涉他们的创造精神。只要这是一个真真正正的公平竞争环境，所有球队都可以开发类似的技术，事情就会走上正轨。如果一支球队没钱开发自己的智能球鞋，只能说明这是优胜劣汰的结果，他们不太走运。他们表示怀疑，自从美国橄榄球联盟在1920年成立以来，大多数甚至所有规则的变更都只让事情变得更糟。他们戏称华盛顿体育研究智囊团的几个研究项目就是由一群富有的前球员牵头的，这群球员组成了隐秘的网络，他们通过修改规则来防止自己举世瞩目的世界纪录被刷新。由非营利性组织"美国人鞋类自由协会"（Americans for Freedom of Footwear）出资赞助的公关活动的口号是"踢走官僚，留下创新"，他们还在电视广告中展示了戴着脚镣在球场上蹒跚前行的球队。为了吸引富有的捐助者，他们在全国范围内组织了正式的"足·球"（Foot Ball）募捐会。

自由派关注的是公平。他们不想阻碍进步，但是也不想看到某些球队获得持久的优势，而其他球队变得越来越落后。他们认为新鞋应该被允许，但是一旦使用了这种鞋，该球队对手的球门柱在比赛过程中就应该自动变窄，这样才能把射门成功次数保持在平均水平。

由各家公关公司组成的一个松散的联合会启动了一场公益名为 IntegRITy 的运动，但是没人明白 RIT 指的是什么。SOS（Save Our Sneakers，拯救我们的运动鞋）慈善音乐会由大家熟知的慈善音乐明星领衔，号召大家提高对问题的认识，并且筹集资金在全世界的学校和运动场安装复杂的高科技电子门柱，但是事实证明，硕士学历以下的人都搞不清该如何使用这些门柱。在获得了 1 亿美元的捐款之后，公关公司们骄傲地宣布，这些钱可以覆盖 0.5% 的合格橄榄球场地了。

基要派认为任何新鲜事物都应该被禁止。他们鼓吹了一个无比浪漫的过去，一种还没有被现代化所侵蚀的简单而美好的生活。他们中更为极端的人认为，为了保险起见，所有球员在比赛时都不应该穿鞋。凭借教会有序的网络，基要派开始了"禁鞋"运动。为了让愤怒的老人参与进来，他们用大巴把老人拉到每场专业球赛之前激烈的抗议活动上，鼓励公众抵制新事物，之后这些老人们会收到赠送的入场券和饮料优惠券。

革新派有着不同的见解。他们认为这个比赛的目的在于为公共利益服务，所以比赛应该通过展现以技巧为基础的竞赛来娱乐广大观众，同时激励世界各地的运动员突破自我。为了达到这个目的，规则应该偶尔根据新的科技发展作出改变。事实上，这也是美国橄榄球联盟当选官员的首要任务。

情势所迫，明白事理的保守派、自由派以及基要派勉强同意了革新派。他们可能在"问题出在哪里"上有着不同的看法，但是为了重新体会比赛的乐趣，他们现在有必须要做的事。他们的抱怨是，革新派还没有拿出一个让所有人都能在最低程度上接受的可行提议，当然，除了在公共教育中加大教授高中生球员如何踢球的投资。

生活标准的巨大落差

我是一个实际的革新派。**我认为我们不应该只为了好玩就胡乱地修补，经济的目的在于服务公众利益，而不是让公众利益服务于经济。**无论富有、贫穷、勤劳、懒惰、热爱冒险或是循规蹈矩，我们都不想生活在一个贫富差距有着天壤之别的世界中—— 一小撮超级富有的人可以为所欲为，而大量民众则默默承受着苦难。繁荣的引擎一路轰鸣，拉高了总体财富的基准线，但是如果大部分人都生活在贫穷和不快中的话，那么我们的度量标准就有了问题。平均收入可能会持续增长，GDP 也可以增加，特斯拉的代理商会增加一倍，但是如果所有人的休闲方式就是在求职公告栏上寻找额外的兼职工作的话，那么我们的前进方向就是错误的。

很多经济学研究都发现，当社会的经济差异最小化时，人们整体的自我评估幸福指数最高，甚至在限制了所有其他已知因素的情况下也是如此。[2]收入范围和满意度之间的关联尤其紧密，甚至整体财富水平和满意度之间的关联都没有那么强（在超过特定最低财富临界值之后）。如果你是一个怀疑论者，你可以想一想 1800 年在美国农业领域工作的人口比例，以及这部分人的平均收入，根据通货膨胀率换算之后，他们的收入和现今在莫桑比克和乌干达工作的人差不多。[3]我怀疑大多数生活在托马斯·杰斐逊时代的人都认为自己穷得可怜。

许多杰出的专业学者毕生都致力于记载美国越来越大的收入差距并研究其成因。[4]简单来说，从第二次世界大战后期开始，美国的经济都在稳步增长，中间只有几次轻微的浮动（最出名的就是过去的 15 年）。20 世纪 70 年代之前，这些收益在富人和穷人之间公平地分享着。但是从那时开始，几乎所有利益都流向了富人，而穷人却两手空空。

一个简单的类比也许可以帮你体会这种变迁的本质、范围和后果。[5] 想象一下一个有 100 户家庭的小镇，这些家庭的收入的主要来源是 6 000 多亩果园。在 1970 年时，5 个最富有的家庭平均每户拥有 180 亩水果树，而 20 个最穷困的家庭平均每户只有 18 亩土地。一个游客在镇中心能看到各种典型的设施，比如饭馆、鞋店、男装店。

到了 2010 年，另有这个镇的生产农田新增 4 800 多亩——总体财富增加了 80%。但是最有钱的 5 个家庭现在平均每户拥有 420 多亩水果树——增加了 2 倍还多，而最穷困的 20 个家庭平均每户仍然只有 18 亩地。奇怪的是，现在平均每户家庭可以耕种 109 亩地，比 1970 年每户 60 亩地要多，但小镇却有一半家庭耕地面积小于 48 亩，而且他们还在为生存而挣扎。更加明显的是，镇上最有钱的家庭现在拥有 2 185 亩地，或者说拥有小镇可用耕地的 20%。简而言之，新增加的土地不成比例地流向了已经富起来的人，而镇上相对贫穷的那一半家庭几乎什么都没得到。

一个 40 年前来过这个小镇的游客注意到了这种显著的转变。一家曾经售卖常规商品的普通店铺，现在却是一家陈列最新奢侈品的高档商店。镇上的饭馆已经倒闭，因为已经没有那么多人负担得起在外吃饭了，在饭馆原来的位置上矗立着的是一家高档餐厅，镇上最富有的 20 个家庭经常出入于此，而其他人则几乎从未在此消费过。以前陈列雨鞋的鞋店橱窗，现在展示的是设计师设计的高跟鞋；而男装店则变成了一家昂贵的高级时装店。多么美好的进步——镇上的居民一定很高兴！然而，游客并没有注意到大多数居民其实从来没有光顾过这些店。他们需要每周开车到 80 公里以外的沃尔玛，选购他们能买得起的生活必需品。

生活标准的巨大差异是一种公众性的耻辱，我们需要改变这种状况。

我还记得曾几何时，富有就意味着你能拥有一台彩电，而贫穷意味着你只能买得起黑白电视。除此之外，大多数人都上相同的公立学校，在同样的餐馆吃饭，在迪士尼乐园要在同一条队伍中排队。但是就算是"神奇王国"①也不能抵抗现实经济的冲击。据我所知，迪士尼在 2010 年增加了贵宾游项目，每小时另加 315~380 美元就可以获得个人导游以及不限次数进入快速通道的权利。

在 InsideTheMagic.net②上有一条尖锐的评论："华特·迪士尼从来都不想让他的公园变成富人专享……我梦想有一天普通人能再一次走在美国小镇③的正中央。无论富有还是贫穷的孩子都能从米奇那里得到一个拥抱，或者从公主那里得到一个吻。"

为了找到这种越来越严重的经济不平等的根源，我们有必要设立一个目标。你们的想法可能各不相同，但是我的目标就是大致类似于 1970 年的收入分配，收入前 5% 的家庭获得的平均收益比后 20% 的

---

① 神奇王国（Magic Kingdom）是佛罗里达州奥兰多的迪士尼世界度假区里的一个主题公园，它是该度假区内的第一座主题公园，于 1971 年 10 月 1 日开放。——译者注

② 一个以报道迪士尼乐园内发生的新闻和趣闻为主题的博客和网站。——译者注

③ 美国小镇（Main Street U.S.A.）是各迪士尼乐园内的一个主题园区，世界各地的迪士尼乐园均拥有的这个园区，不过上海迪士尼乐园将成为世界上唯一一个不设美国小镇的迪士尼乐园。——译者注

家庭高 10 倍，而不是今天的 20 倍。虽然目标不够远大，但是已经和政府工作目标很接近了。我没有一点要"复辟"当年的经济和社会政策的意思，这些政策在当时是否奏效还尚且存有争议：边际税率太高，种族不平等肆虐，水和空气的污染比今天还严重（至少美国如此），而且烟草公司还向未成年人推销产品。[6]

美国近代的历史充满了这样的例子：政府为了提高社会福利而制订高标准的目标，然后制定一些明确的政策，最后执行下去。现在正在发生的例子就是美国鼓励私房屋主的政策。很多研究和常识证明，一个社区中的人如果都拥有自己的住房，该社区就会更加安全、稳定，同时对投资也更具吸引力。[7] 早在 1918 年的时候，美国劳工部就发起了一项名为"拥有自己的房子"的运动，联邦和州政府通过税收政策、金融机构法规以及对私房屋主的支持来接近这个目标。[8]

当美国总统约翰逊 1968 年提议创建住房和城市发展部（HUD）时，他说："对于大多数美国人来说，拥有自己的房屋是一种值得珍视的梦想和成就。但是在美国的低收入家庭面前，这个梦想却一直可望而不可即。拥有自己的住房可以增加责任感并确立一个人在社区中的位置。拥有房屋的人有值得骄傲的东西，他们有理由保卫和维护自己的家园。"[9]

在这个崇高目标的号召下，诸多住房计划打着各自不同的算盘。很多计划的隐秘目标是补贴房地产、创造建筑业工作，甚至是，维护种族隔离。[10] 尽管如此，美国却完成了任务。从 1900 年至今，私房屋主增加了 40%，每三户住户中就有将近两户住的是自己的房子。[11]

另外一个取得卓越成就的领域就是成功让美国境内空气和水污染水平降低。自从美国环境保护局（EPA）在 1970 年成立以来，主要空气污染物总体数量（2009 年以前，二氧化碳都不被算作污染物）已经显著下降了 68%，而且 GDP 增长了 65%。[12] 我在 20 世纪 60 年代的纽约长大，我以为下午天空的正常颜色就是棕橙色，而且那时普遍的观点就是：生活在美国最大的城市相当于每天抽两包烟，而抽烟在当时也不被认为是一种严重的健康风险。

这其中大部分成就归功于对污染物的管制（主要通过收取罚款）、对设备生产商的标准制定（如汽车），以及科技进步。最近，排污权交易（也被称为总量控制与排放交易）已经初见成效。这是一种更为灵活而理性的方法，这种方法利用了市场的力量来更有效地分配资源，取代了原有的不完善的由中央控制的系统。因为对纯度的不同测量标准，所以水质问题变得更为复杂，但是总的来说也表现出了相似的进步。

在金融领域，美国一直以来都有一个目标：减轻老年人的负担。曾几何时，对于大多数人来说，变老就意味着生活得悲惨。一旦你的有效劳动生涯结束，你就会进入可怕的财务危机。[13] 这种情况无疑造成了很多早逝的发生。**减轻老年人的负担不仅仅是利他主义的行为——因为人人都会老**。美国在 1935 年大萧条后建立的社会保障系统和廉价或免费医疗（美国老年人医疗保险计划和医疗补助计划）是解决这个问题的重要措施。除了这些强制性的公共储蓄计划，为了鼓励为退休而存款，美国政府还实行了很多类似于把资产并入个人账户（如个人退休金账户）的政策。

但是最大的成功却出现在公共健康领域。这个领域的度量清晰且个性化：一个 1850 年在美国出生的男子的预期平均寿命大概为 38 岁；而在 2000 年出生的男子预期寿命大约为 75 岁。这种提高在很大程度上是由于婴儿死亡率降低造成的。[14] 我 90 多岁高龄的母亲骄傲地声称，90 岁才是老年的开始！

预期寿命的提高由很多因素引起，但是很大程度上是医疗卫生进步的结果，疫苗研发的进步、区分饮用水和污水系统的公众努力，诸如建立疾病控制中心这样的政府倡议，以及公众健康教育运动（比如，戒烟）等。

分配未来，急需公平

为了缩小收入差距，现在已经到了我们建立合理政策的时候了。为了迎接这个挑战，我们最开始的直觉可能会引导我们先来确定问题的根本原因，然后再逐个解决，首当其冲的问题就是失业。但是我怀疑这么做只会让我们卷入无止境的争论：有人认为穷人之所以没有成功都是他们自己的错；有人认为政府有很多不必要的花销，制定了很多无用的干预政策；有人认为那些无用的政策是无可救药地偏向富人的规定；有人认为你的收入体现了上帝对你钟爱程度的差别。

有些人很可能会说，我们应该提高税收然后把钱花在社会事业上。而其他人会反驳说，这样的做法相当于减少了对敢于冒险和努力工作的人的奖赏，阻碍"企业家精神"。[15] 有人会把矛头指向懒汉福利受益人。"占领华尔街运动"的参与者对于高盛投资银行的看法可能比较阴暗，《滚石》杂志曾有一条著名的评论，称该投行"是一只缠绕在人类身上的巨大吸血乌贼，它毫不留情地把吸血管道插入任何有钱味的东西上"。[16] 也许一个新的联邦工作计划能解决问题，重复富兰克林·罗斯福的公共事业振兴署（WPA）计划就可以提供 800 万个工作。[17]

但是我认为这些方法把我们应该分开考虑的两种东西合并在了一起：工作和收入。工作在未来可能会更加稀少，但是这并不意味着收入也应该减少。每个人为了生活都需要一份收入，而获得收入最明显的方法就是工作。所以大部分提出的解决方案都围绕在保证每个人都有工作机会上，只要工作勤恳就能获得一份体面的工资，或者至少在人们试图渡过难关时，能给他们一些帮助。但这并不是唯一的办法。

事实上，有两种人没有工作。第一种是想要找工作但是找不到的人，确实，这就是美国劳工统计局对于"失业"的官方定义；另一种则是被统计局称为"非劳动力"的人，其中包括退休人员，这并不代表这些人不工作，只是他们没有因为工作而获得报酬。（比如，我。《纽约时报》在 2003 年时把我的话作为俏皮话引用了出来："我以前是退休……现在是无业。"）[18] 我更愿意把自己看作仍然有用的社会一员，还能作出贡献，虽然我并没有获得报酬，但对我来说这没关系。

我们容易对失业者抱有怀疑，除非他们有钱就没关系了——确实，大家认为这是可喜可贺的事。帕丽斯·希尔顿除了是一个有闲有钱的女孩，没人期待她能成为别的什么，她已经把这种形象演绎成了一种极其高雅的艺术，一系列令人眼花缭乱的演出、产品代言、电视和电影出演以及专辑合约，让她在 2005 年一年就获得了约 650 万美元的收入。[19]

不是拥有一笔财产才能依靠资产生活，一切都取决于你想要如何生活。多少钱才能让你满意？

多年以来有学者仍一直在悲叹，在生产力和总体收入持续增长的情况下，美国家庭收入平均值却一直停滞不前。[20] 表面上看，这是关于收入增加不平等的争论，却隐藏着一个重要的细节：一般家庭对此作何感想？如果人们有机会能够工作更长时间并能挣更多的钱，他们会这么做吗？他们对自己的工作和生活之间的平衡是否满意？

有一些事实证明，很多人并不是因为他们不需要或者不想要才没有工作更多。19 世纪时，大多数人每周需要工作 60~70 个小时，[21] 他们几乎没有任何自由时间。在 1791 年时，菲律宾的木匠为了减少工作时间进行了罢工，而他们要求的工作时间竟然是每天 10 小时。[22] 美国联邦政府最早在 1916 年开始着手制定《亚当森法案》（*Adamson Act*），该法案将标准工作时间定为 8 个小时，但是只针对铁路工人。到了 1937 年，这种缩短的工作日变成了《公平劳动标准法》（*Fair Labor Standards Act*）的一部分。[23] 这种工作时长的减少趋势一直延续到今天，但是变化非常平缓。美联储 1950—2011 年的数据显示，普通工人一年的工作总时长下降了 11%。[24] 今天，和公众认知不同的是，一般在职人员每周能够获得收入的工作时长为 34 小时。[25]

和工作时长相比，实际工资和收入则大幅提高了。举一个例子，美国全年全职男性的平均收入（扣除物价上涨因素）相比于 1955 年增加了将近 1 倍。而职业女性的收入上涨更多，大约提高了 138%。在考虑了通胀因素的情况下，全职工作者真正可以用来消费的钱仍然翻倍了。[26]

但是当你以家庭为基本单位来看问题时，情况就变得蹊跷了。根据美国人口调查局，家庭收入的平均数在 1995 年时是 51 719 美元；

到了 2012 年，几乎没什么变化，是 51 758 美元 [27]（1995 年的数字已经扣除了物价上涨因素）。但是美国工人的净工资平均数（扣除物价上涨因素）在同期大约上涨了 14 个百分点（名义上的上涨是 65%，再减去通货膨胀率 51%）。[28] 这种差异背后的原因是什么？**家庭不工作——人才工作**。每户家庭中工作的成年人数量在这段时期内下降了 8 个百分点，从 1.36 下降到了 1.25。[29]

家庭中工作的成年人数量会被某些因素影响。2012 年的失业率比 1995 年高 2.5%。虽然计算起来有点麻烦，但是家庭中符合劳动年龄的成年人平均数下降了 2.5%。[30] 这肯定是个因素，但是还有其他原因吗？至少有一个可能的解释是，工作的人赚的钱更多了，既然这份利益可以在家庭中被分享，于是很多夫妻决定减少总工作时间。

人们之所以作出这样的决定，是因为找更多或更好的工作太麻烦，还是因为他们就是想用业余时间做点别的事？其实这只是一个问题的一体两面。他们根据变幻无常的本地劳动市场和他们想要过的生活，理智地决定是去找工作，还是去花时间做点别的事。[31] 想想我的前雇员埃米·内斯特的例子。他找工作的最大考虑不是薪水，而是（强制性）工作时间。如果他能每天在自己刚出生的儿子睡着之前到家，那么他很愿意接受薪水稍低的工作。

谁说每个身强力壮、精力充沛的美国人都要尽可能多地工作？这反映了一种扭曲的进步概念，这种想法深深地埋藏在政府政策中。很多人认为我们的立法者收税、借款、花销都太高了。但是从历史上说，我们解决经济问题的方法就是静观其变，等待问题自己消失。如果我们能持续发展经济，那么今天看起来如山的国家债务在到期时就不会那么可怕了。如果问题仍然没有解决，我们可以通过扩大货币供应重新调整通胀率，这样一来偿还的成本就变得更容易承受了。政府使用了同样的逻辑决定用当下劳动者的收入，来支持社会保险的退休受益人。不过很快这将成为一个问题，因为相关的工作人口相对于现在的退休人口正在逐渐减少。

这种更大、更快、更强的肯干精神深深地植根在美国人的脑海中，而能与之相平衡的信念却鲜为人知。当一个父亲（或母亲）决定在家照顾孩子时，他就不再具有政府衡量的经济价值。如果有人辞掉了房产经纪人的工作并开始在摇滚乐队弹吉他，他的可支配收入可能降低了，但是他的幸福感却提高了。

我不是说收入更少的人会作出这样的决定。靠薪水度日或者完全没有薪水，绝对不是轻松的事。但是如果要以自由时间和对工作的满意度为代价，传说中的中产阶级可能并没有像我们想象的那样急于爬到更高层。

但是这种久经考验的政府原则——我们自然会摆脱经济问题，提供了一种可以降低收入不平等的现实做法。**我们不需要夺走任何人的东西，只需要用一种更加公平的方式来分配未来的增长，问题就会迎刃而解。**

为了理解这种方式的工作原理，我们先从一个简单的假设开始。假设每个人在今天都退休了。那么每个人的家庭收入会变成多少？首先我们要来看看，从一般意义上讲，美国人到底多有钱。结合美联储和人口调查局 2012 年的数据，每户平均有 2.6 人的普通美国家庭的资本净值大约为 60 万美元，[32] 其中包括银行存款、股票和债券、私人退休基金以及不动产，同时再减去所有债务。统计中没有包括非生产性资产，比如汽车、家具、私人物品。但是这还没有算上社会保险。在2013年底，社会保险信托基金的总数是3万亿美元，[33] 所以加上约为2.5万美元的社会保险，最后每户的净资产总数为62.5万美元。

这些钱会产生多少退休收入？标准普尔500是一家公道的美国股票市场代理商，他们在过去的50年间提供了超过11%的年收益，而10年期美国国库券被认为是世界上最安全的投资方式之一，平均年收益接近7%。[34] 假设你把一半资金用来购买股票，一半用来购买债券，平均年收益大概为9%。如果你想留存足够的资金来抵消3%的历史性通胀率，你可以每年只花掉6%。这里没有计算可能会产生的资本利得税。如果这和你现在的收益不符，那么请注意至少对于债券来说，现在的通胀率和一般投资回报都是低于历史水平的。

按美国财富总计的6%来看，平均每户家庭每年可以花4万美元而且仍然赶得上通胀。这还没有算家庭可能（非必须）会赚得的钱，而且假设人们在死后把整个资产完整地留给了继承人，而非花掉，那么就会让下一代在他自己退休时获得巨大的优势。（当然除了遗产税，也就是说如果某人今天离世并留下62.5万美元资产，因为终生免税 ① 政策，你无须理会这笔税钱。）事实上，如果人口没有增长而是减少的话（就像很多欧洲国家那样），下一代就不需要去增加资产，也就是说他们可能根本就不需要工作。

---

① 终生免税（lifetime exemption）是终生赠予免税的简称，指的是个人一生中可以赠予他人并且不需要缴纳赠予税的金额，但是这部分金额会从美国联邦房地产免税金额中扣除。2014年时，美国的终生免税额为534万美元。——译者注

另一个获得这些数字的方法就是参考金融市场是如何为所有上市公司和债券估值的。在 2011 年年末，美国债券市场的总价值接近于 37 万亿美元，而美国股票约为 21 万亿美元，加起来总共有 58 万亿美元。[35] 但是这里面只有 2/3 属于美国国内，所以我们就算 39 万亿美元。[36] 加上存在家庭中的 25 万亿美元再减去 13 万亿美元的抵押，加起来总共有 51 万亿美元，或者说大约每户 45 万美元。[37] 但是这里没有包括所有私有公司的价值，或借给公司和个人的贷款，这些价值可能造成了这个估值和上面估计的 62.5 万美元之间的差别。

利益均分，让每一个人获益

上面谈的是现在，让我们再谈谈未来。过去 30 年的数据显示，每个人的 GDP 增长率大约为 1.6%（在考虑通胀影响之后）。[38] 假设这种趋势会继续下去，40 年后每个人的真实财富总增长会达到 90%。也就是说，根据现在的趋势，40 年后美国普通人的富裕程度接近于现在的 2 倍。正如我前面所说，这个结果和过去 40 年中发生的 80% 的增长相一致。根据你在前几章读到的内容，我认为在总额上这是被低估的——但这只是我的一己之见。这相当于今天 7.5 万美元的家庭纯投资收入。还不错。

但是，这幅美丽的画卷肯定不是真的。人们正在为生活而挣扎，大多数人节节败退，这是一场大屠杀。肯定没人觉得什么都不干就能挣 4 万美元。没错，因为一个简单的原因，资产的分布还不够平均。**这些平均数没有任何意义，因为财富并不是由所有家庭公平享有的——这正是我们想要解决的问题**。但是我们不需要通过重新分配今天的财富，才能解决收入不平等的问题，这样的机会已经过去了。我

们应该做的是专注于分配未来收益的新方法。但是怎么做呢？

我们可以采取经济激励的方式来扩大股票和债券的所有权基础。激励不是针对所有者的，而是针对公司和债券发行人的。他们的利己精神可以为我们所用，就像我们利用资本主义经济在其他领域做的那样。

到目前为止，美国政府批准的大部分税收政策和经济激励（通常被称为"薄弱环节"）都是为了鼓励公司作出特定类型的投资，或者减少借钱的成本。与之相同的技巧也可以用在扩散未来资产所有权上，这些资产是对抗退休或工作机会减少所必须的。

要理解这种运作方式，我们可以假定在未来有两家从事相同业务的公司：两家向消费者售卖生活用品的线上超市，无论收货地址在哪，它们都承诺在 3 小时内送货：它们是"买玛特"和"人民粮草"。这两家网站都是由有能力且薪酬合理的管理团队所经营的，但是"买玛特"的所有者是已过世的业界大亨马蒂·马丁（Marty Martin）的 10 个超级有钱的继承人，而"人民粮草"的上市股权则被大约 1 亿个人直接或间接拥有。

两家公司都在自动化方面投资巨大，它们利用现代科技把对劳动力的需求降到最低。两家公司都很高效，员工平均收入达到了千万美元。与之相对的是，世界上最高效的零售公司之一的沃尔玛员工平均收入在 2013 年仅仅为 21.3 万美元。两家公司都极其赚钱，每年利润接近 1 000 亿美元，而今天沃尔玛的年利润只有 170 亿美元。对于"买玛特"来说，每位富有的继承人会得到将近 100 亿美元的收入。但是它的竞争对手"人民粮草"每年却向接近 1/3 的美国人口送出 1 000 美元的股利支票。

那么，哪家公司更有利于公众利益呢？两家公司在卖货和服务顾客方面都做得不错，而且它们为了增加市场份额，都有干劲继续进步。但是"人民粮草"同时也为很多公众的金融权益服务，而另一家的服务对象却只是一家子花花公子和艺术资助人。所以从这个角度上说，"人民粮草"对社会贡献的利益更多。

公共利益指数，公平的度量标准

在探讨这种不公平之前，我们需要一种客观的度量方式。美国联邦政府很擅长收集和公布数据。有时这样做是为了引导政策，但有时则是为了让我们成为更好的消费者而告诉我们做决策所必需的信息。比如，"能源之星"①计划会把"能源指南"标签贴在各种符合标准的消费者产品上，比如洗碗机、电冰箱、电视机，表示这些产品符合能量消耗和运行成本的标准化计量。[39]法律规定，新车的车窗标签上必须有 EPA 认证的燃油经济性评分以及美国高速公路安全管理局的碰撞实验评分。在金融领域，公司和政府债券的相对风险要由 3 家受人尊敬的私人服务机构来评定，即穆迪公司、标准普尔以及惠誉评级公司（Fitch Ratings）。机构股东服务公司（ISS）发布了一套被广为采纳的公司治理度量标准，其中包括董事会结构、股东权利、薪酬机制以及

---

① 能源之星（Energy Star）是一种节能消费者产品的国际标准，起源于美国。在 1992 年时由美国环保局和美国能源部联合创立。——译者注

审计质量。

为了解决收入不平等问题，我们需要为资产所有权广度的治理措施奠定基础。幸运的是，我们可以先从一个指标入手，将其抽丝剥茧，把它看清楚。

在 1912 年时，一位名叫科拉多·基尼（Corrado Gini）的意大利统计学家发表了一篇名为《可变性与易变性》（*Variability and Mutability*）的论文。[40] 在这篇论文中，他提出了一种度量离差的巧妙方法，现在被称为基尼系数。基本上，你可以输入一堆数据，然后基尼系数会告诉你这个数列有多"平衡"，0 代表平滑和等价，而 1 代表难以置信的扭曲。这种方法可以应用在很多不同情况下，但是现在最常见的用途就是度量我们最关心的经济数据。比如，美国人口调查局使用基尼系是来衡量收入不平等。[41] 在 1970 年时，收入的基尼系数为 0.394；到了 2011 年，攀升到了 0.477。虽然直观上你没有什么概念，但是却说明了情况相当糟糕。

相同的客观计量标准可以被应用在任何资产的实益所有权上。假如你和 3 个朋友决定一起投资一套可以出租的物业。如果你们每人拥有 25% 的所有权，那么基尼系数就是 0。从另一方面说，假设你出了所有的钱，但是决定留给每个朋友 1% 的所有权，那么基尼系数就接近于 1。但是假定这个计划行不通，所以你买断了他们的股份。基尼系数又回归到 0，因为全部所有者（也就是你自己）都拥有一样的股份。

如你所见，只是把基尼系数应用在资产上并不能获得我们想要的信息和数据。我们需要做一个小调整。首先我们需要定义一些人口，也就是美国成年公民。为了计算目的，我们假设群组中没有任何资产的人拥有 0% 的利益。现在，基尼系数反映了资产所有权在目标人口中的广度。我们可以把其命名为指数，并应用在诸如股票或债券这样的个人资产上，这就是公共利益指数（PBI）。为了使用方便，我们用 1 减去该指数，并乘以 100，然后再近似到最接近的整数——换句话说，把公共利益指数的范围设置为从 0 到 100 的整数，100 代表非常公平，而 0 代表高度集中。

我们把公共利益指数应用到上面提到的那两家假想的公司上。虽然创始人马蒂·马丁的 10 个超级有钱的继承人拥有财产的相等股份，但是当你把所有其他人计算在内时，公共利益指数就接近于 0 了。但是，股份被更广泛持有的"人民粮草"则拥有将近 30 的公共利益指数。

从某种角度上说，像国家公园这样的公共国有资产，由于它对每个人都开放，所以公共利益指数达到了 100。但是迈克尔·杰克逊的梦幻乐园几乎完全是为他自己所建的，所以公共利益指数是 0。

这里定义的公共利益指数并不完美。比如，对于受益所有者（相对于名义所有者）来说，公共利益指数计算起来可能很复杂。[42] 但是对于这场讨论来说应该已经足够了。

税收激励，让公司在更大范围内利及大众

现在我们可以研究这个问题的实质了。我们已经建立了一个目标（收入分配接近于 1970 年时的水平），而且我们对金融资产的公共事业贡献水平已经有了公共利益指数这个客观的度量。但是这只是一个我们能套用在股票和债券上的数字。怎样才能利用它减少财富和收入的不平等呢？

让我们先从公司税收政策说起。一些研究证明，减少或消除所有公司税会增加整体财富。[43] 当然，问题在于这样做主要会让股东变得更富有，甚至仅仅是让股东变得富有，而非一般公众。**但是如果你打算针对公共利益指数分值较高的公司进行税收减免或者税收优惠，就会让更多公有的公司更具竞争优势。**这些公司就可以加大投资并最终扩大市场以及市场价值，而受损失的是那些持股更集中的竞争者。

对于我们假想的线上杂货店来说，假设"人民粮草"的有效公司税率是15%，而"买玛特"现在需要支付最高35%的税率。这就意味着"人民粮草"每年能比"买玛特"多投入200亿美元。"人民粮草"可以建立更多分发中心、提供更好的服务、做更多广告、定价更低，以及增加股利。随着时间积累，它的市场份额就会增长，而"买玛特"的份额会减少，过程中产生的利润会增加并且分布到越来越广的社会群体中。

现在，"买玛特"的股东会有什么反应呢？他们高薪聘请的说客无法把税收政策逆转回有利于他们的局面，所以他们只能勉强接受这个事实，在此之后他们需要做一个简单的决定，或者更准确地说，让他们的会计作出这个决定。他们可能会继续收取巨大的税后利润，但是也有可能会为了降低税率，提高"买玛特"的公共利益指数，而把一部分股份卖给公众，然后在提高利润的同时让公司更具竞争力。

但是"人民粮草"也不会停滞不前。在看到自己广泛的所有权所产生的巨大利益之后，他们开始了一场投资者关系活动，从而更广泛地扩散股权。它对股票进行了二次发行，但是有一个小花招：他们从自己的促销活动中吸取经验，同意为任何卖给新股东的股份支付经纪佣金，如果新股东能在规定时间内持股（比如 5 年），就能有效地享受到"首次购买"折扣。"人民粮草"还可以向零售股票经纪人的承销商提供激励奖金，鼓励他们向新股东兜售新股。这种新股促销非常成功，所以整个成本都被前 3 年公司税的减少而弥补了。

"买玛特"不甘落后，用一种独特的促销加以回应：顾客只要消费满 500 美元，就可以用相当于现在市场价值 50% 的价格购买最多 10 支"买玛特"新发行的股票。每次你购物时都会积累"买玛特"的点数，这些点数可以在股票市场兑现。

简而言之，为了获得税收优势，受这种税收激励管制的公司会找到在更大范围内分配股权的方法。更妙的是，政府可以通过根据公共利益指数而变的公司税来监控并调整这个过程。相似的激励可以应用在债券的发行上，当然机制更加复杂。

所以，问题解决了吗？

高度自由的社保制度，一个没有退休的时代

问题并没有解决。**没有资产的人又如何能有钱购买证券呢？有很多解决这个问题的方法，我先提出一种：我们可以改变管理社会保险的方式。**与其依靠单一而不透明的集中投资系统，还不如提高个人既得资金的透明度，并让个人拥有更多控制权。我们可以允许人们从一些私人股票和证券组合或股票和债券基金中挑选，让他们在一定范围内按照自己的心愿来定制自己的投资组合。这和私人退休基金（如

401K）的现行运作方式类似。

这样做有几个优势。**首先，更多人会加入到积极管理自己退休基金的行列。**通过提供高透明度和一定程度上的个人控制，就能提高个人和社会之间的连通感——一种你也亲身参与了美国梦的感觉。与现在的做法不同（政府只是从你的薪水中扣钱，然后作出一个当你在退休时可能实现、也可能不会实现的遥远承诺），你将会了解钱去了哪、价值多少、当时机成熟时你将得到多少，等等。当你在社会保险账户中持有东洛杉矶某家商场的股票时，你就不太可能会去砸这家商场的橱窗，因为你会感觉在某种程度上这也是在损害你自己的财产。

更加透明的账户同样也会解决一个现在正让社会保险信托基金叫苦不迭的问题。因为我们不知道政府是如何代表我们进行投资的，所以政客们很难根据真实投资回报率和人口统计来调整所需支付的福利金。这就是为什么社会保险福利金的改革有时被称为美国政治的"高危带电话题"。**但是如果人们能看到自己保险金投资组合的价值在一年中起起伏伏，而这又与自己的最终报偿紧密相关，整个系统不仅会变得容易理解，同时还可以免除立法调整的需要。**不会再出现无财源提供强制责任 ①，不会再面临现在社会保险系统正面对的问题。

但这并不是推动变革的唯一方法。被政府减免的或者政府补贴的所得税以及我们用来鼓励各种活动的对等基金，也可以帮助建立每位公民的投资组合。与其等人们找到工作之后再开启社会保险账户，不如让政府为公共服务志愿者适当提供高公共利益指数的股票和债券的

① 无财源提供强制责任（unfunded mandates）是美国的一种法令或规定，该规定要求国家或当地政府实施特定行动，但是并不提供履行该责任所需的资金。公共个体或组织也可以被要求履行公共责任。——译者注

投资组合。这种公共服务可以包括照顾老人、清理公园、为问题少年做咨询、分发健康教育手册，以及类似活动。这种做法可以应用在退休人员、无业人员，或者仅仅想要打发空闲时间的人身上。

为了鼓励担当精神和持续性，政府可以借鉴硅谷创业的路数：限制股权兑现。如果你报名参加一些公共服务活动，就会被授予一些你还没有真正拥有的股份。随着工作时间的累积，你会逐渐获得这些股份的所有权（期权）。这样，你一直都会明白过早退出的后果，就会有一个目标，并且用"积分卡"监控自己的进度。

HUMANS
NEED NOT
APPLY
人工智能的未来
————
社保将让你的整个职业生涯受益

A Guide to Wealth and Work in the Age of
Artificial Intelligence

·178·

人工智能时代　HUMANS NEED NOT APPLY

社会中每个人都是股东并且拥有自动开启的退休账户，会改变社会的整体感和参与感。

退休前和退休后的界线不需要像今天这样明显。随着我们累积的财富持续增长，让人们在退休之前就收到股利支付是很合理的做法。换句话说，我们可以允许处于劳动年龄的人支取一部分福利金，同时也可以降低享受完整福利的退休年龄。极端点说，你的社会保险账户连同普通的退休和储蓄账户，可能会在你的整个工作生涯中向你提供大量帮助。

这种做法会鼓励公共服务，并且让人们在没有直接挣得薪水的情况下感觉自己也创造了经济价值。

钱不再是工作的唯一理由

这让我们再次回到工作上。钱并不是工作的唯一理由，人们希望感觉到自己是对社会有用的一员。他们在养活自己和家人的同时，也乐于为他人的福利作出贡献。除此之外，大多数人在帮助他人时都会获得巨大的满足感，他们会提升自我价值感，并且让自己的生活拥有目标和意义。

HUMANS
NEED NOT
APPLY

人工智能的未来
———————
将时间花在更有成效的事上

A Guide to Wealth and Work in the Age of Artificial Intelligence

未来，如果有些人在不工作的情况下仍然有足够的收入养活自己，他们可能会决定整天玩游戏。但是大多数人不会满足于此，他们不想停留在社会最底层。有些人仍然会想勤恳地从事工作，而这只是为了提升生活水平、社会地位，或是对配偶的吸引力。这些本能不会消失。但是对于其他人来说，常规的工作可能只是一种逃避的借口，一种获取更多却不愿作出回报的利己主义做法。所以，有些人可能会选择兼职工作或者不工作，但是他们会志愿参与由政府认证的能够提高退休储蓄金的公共服务项目。

人们并不会整天钓鱼和打高尔夫，他们也会学学弹钢琴、画画、写诗、种种花草、售卖自制手工艺品，或在家教育孩子。所有这些事情并不仅仅是爱好，也会为社会带来真正的好处。

解决工作资源减少这一问题的关键并不是依靠政府法令来创造虚假的工作机会，而是重新平衡经济驱动型劳动者的数量和能提供薪酬的工作资源。我们可以通过激励的方式来引导人们花时间做更有成效的事。

当我们的基本需求不需要我们自身的劳动力就可以满足时，世界将会变成什么样？我肯定不是第一个这么想的人，凯恩斯，这位传奇的经济学家在 1930 年写下了他对于这个问题的思考——《我们后代的经济前景》（*Economic Possibilities for our Grandchildren*）。在这篇有思想的论文中，他预测在一个世纪内（已经快了），持续的经济增长会允许我们在几乎不费任何气力的情况下就可以满足所有人的基本需求。正如他所说：“**从长远来看，所有这些都意味着人类会解决自身的经济问题。**”他接下来区分了绝对需求和相对需求，提出一旦前者被满足，很多人就会"把自己的精力投向非经济目的"。[44] 他的经济分析很精准，但是让我们汗颜的是，他对财富分布的期待还没有实现。

智能洞察

当我们从一个大部分工作都需要人的体力和精力来完成的世界，转化到一个自动化的世界时，如何分配增加的财富至关重要，除了那些找到为数不多的好工作的人以及富有到可以积累个人资产的人，我们也要把财富分配给剩下的人。最终，我们会发现自己和机器是以共生关系或者寄生关系一起生存的。

那么第 59 届超级碗橄榄球赛和智能定位鞋的问题是怎么解决的？经过仔细考虑，美国橄榄球联盟发现了一个有创意的解决方案。它设立了球员装备最佳进步奖，每年颁发 100 万美元的奖励，这个奖项去掉了很多对于参赛者的细节限制，而获奖的发明将会被联盟中的所有球队免费使用。

很快，创新无处不在，其中有一些变化会迫使比赛规则作出改变。最值得注意的是，麻省理工学院一些聪明的学生开发了一种鞋，这种鞋能让球员在空中跳到难以置信的高度，然后再用双脚安全地着陆。有了这种新鞋，要想射门得分就变得越来越难，因为对方球队的球员可以轻松跳到足以截球的高度。专业橄榄球比赛变得越来越像哈利·波特的魁地奇比赛，球员们坐在魔法扫帚上在空中飞来飞去。所以美国橄榄球联盟在比赛中加入了高度限制。如果球飞到 12 米的高空就算是出界，而任何球员的头盔如果超过 9 米的高度就会自动被算作越位。

这不仅会让我们重拾体育的乐趣，而且当球员们开发出全新的精彩竞技动作时，到场人数和收入会比以往更高。美国橄榄球联盟的一位理事在他的年度评论中，把新装备形容为橄榄球自即时回放技术以来最伟大的进步。

但是，仍然有一些人对这些新玩意不满意。他们更喜欢老式的比赛，在那样的比赛中，球员穿戴的装备都只是由常规材料做成的。所以，他们发起了一个新的联盟，称为"经典橄榄球联盟"（CFL），这样的比赛在一些老派的人和纯粹主义者中间很流行。

瞧，问题解决了。

如果机器圈养了人类

Humans Need Not Apply

————————

所有这些都很隐晦，直到它们开始介入我们的生活，防止我们伤害自己。那时我们才会明白真相——谁是圈养者，谁又是被圈养者。

————————

　　你们可能会想：也许这位自命不凡的专家真能为我们带来关于前景的精辟预言？话语很重要。我们对事物的描述会影响我们的思考。话语可以描述、留存、交流，同样也能勾画我们的理解、塑造我们的想象。我们会自然而然地用过去的经历来解读新的经历，而被我们选作参考点的经历会影响我们对世界的看法。

　　在前面的章节中我提到，因为引入创新科技而导致了工作本质的变迁。对于语言来说，也是如此。因为我们需要讨论和交流的事物变化了，所以话语也相应改变了。而且就像劳动市场一样，我们的词语有时候跟不上科技进步的节奏。有时，我们词不达意；其他时候，由于概念太新，合适的词语还没有出现。这成了一个问题。如果你无法谈论这个话题，也就很难理解正在发生的事，更别说制订适当的计划和制定政策了。

语言用一种有趣的方式来适应并满足我们的需求。有时我们会发明新词，比如尾声 ①、裸考、秒杀、给力等；有时候我们会"两词造一词"，融合两者的意思，比如早午餐（brunch, breakfast+lunch）、雾霾（smog, smoke+fog）、汽车旅馆（motel, motor+hotel）。但是大多数的时候，我们会为新的含义重新启用旧词，并让延伸或改变后的意义成为这个词的常规解释。在为了适应科技进步而改变的词语中，我最喜欢的例子之一就是"音乐"这个词。留声机最早由托马斯·爱迪生发明于 1877 年，并在 19 世纪 80 年代由亚历山大·贝尔（Alexander Graham Bell）使用蜡筒作为录音介质进行了改进。在此之前，如果你想听音乐的话，唯一的方法就是听人现场演奏。制作行为和制造声音两者的概念无法相分离，所以也没有必要去考虑制作音乐对于整体概念来说到底有多重要。

将灵魂注入机器

当人们第一次听到录制的音乐时是如何反应的？你可以想象一下被称为"进行曲之王"的约翰·菲利普·苏萨（John Philip Sousa）的严厉回应，很多耳熟能详的军队进行曲都是他的作品（比如《星条旗永不落》）。对于新生的录音设备，苏萨在 1906 年写了一篇名为《机械音乐的威胁》（*The Menace of Mechanical Music*）的抨击文。"直到此刻，整个音乐的发展历程从第一天起都在表达一种灵魂的状态；换句话说，把灵魂注入音乐……夜莺的歌声之所以愉悦是因为歌声是她自己唱出来的……那些呆板的复制机器的邀请者，疯狂地想要在任何场合都提供音乐，他们想要代替掉……伴舞乐队……很明显，他们认为没有什么领域是不能侵入的，也没有什么宣言是过分的，"

---

① 英文为 outroduction，对应 introduction（引言）。——编者注

他总结道，"音乐让我们了解世界上一切美好的事物。希望我们不要阻碍这些美好，不要让机器日复一日地给我们讲故事，因为机器是没有变化、没有灵魂的，它辜负了上天独赐予人类的乐趣、激情以及热情。"[1]换句话说，对于苏萨而言，真正的音乐需要一个人创造性地表达自己的真实感受。从这个角度说，机器无法制作音乐——机器发出的噪音和音乐不是一回事。即使听起来很相像，这种音乐也缺乏真正的"音乐"所必需的情感力量。

今天如果有任何人这么说都会被认为是一个怪咖：苏萨先生真傻啊。很明显，音乐就是音乐，无论它是怎么制作的。

难以置信的是，这个论点一段时间以前又重出江湖了。数码录制（相比于模拟录制）刚出现时遭遇到了唱片爱好者的强烈抨击。他们严肃地认为有些东西缺失了，当你用数字形式表达音乐时，一部分"灵魂"流失了。很多人认为凡是数字音乐无不平庸沉闷，缺少模拟音乐的深度和微妙之处。比如，在 1973 年创立《绝对声音》杂志（*The Absolute Sound*）的哈利·皮尔森（Harry Pearson）跟随了苏萨的步伐，声称："黑胶唱片毫无疑问更具音乐性，CD 让音乐失去灵魂。音乐中的情感消失了。"在唱片爱好者中，这种观点并不少见。迈克尔·弗雷莫（Michael Fremer）是乐评杂志《追踪角》（*Tracking Angle*）的编辑，他的话在 1997 年时还被引用过："数字保存音乐的方式就像是用甲醛保存青蛙一样：杀死它，然后让它长存。"[2]

同样，任何表达这样观点的人在今天都会被认为是疯子。很明显，音乐就是音乐，无论它的存储方式如何。所以，"音乐"的现代概念不仅包括苏萨反对的模拟录制，还包括皮尔森和弗雷莫反对的数码录制。相同的词，意义却延伸了。

但是，在我们"解散"这些表达了过时而且无知观点的先生们之前，先来考虑一下如果你碰到这样的情况会怎么想。未来，当你的孩子要求计算机播放"迈克尔·杰克逊"时，计算机没有重复"流行乐天王"专辑中任何一首真实录制的歌曲，而是立即创作合成了一系列真假难辨的歌曲，任何一位对他毕生之作不甚了解的人都无法分辨其真伪，这些歌曲淋漓尽致地表现了他独特的嗓音。你是否会认为这种人工智能创造的音乐不是真正的"音乐"，而且肯定不是迈克尔·杰克逊的，因为无论怎么看这种音乐都不是来自人类艺术家，更别说来自大师本人了？（为什么会有人忍受这些？当然是为了节省版权费。这样做不会侵犯他的版权。）

如果你把这场关于音乐的讨论当作无用的迂腐行为，就大错特错了。我们一度使用的词语会对我们的思考和行为造成真实而严重的影响。

你不必非要拥有一辆车

你可以想想自动驾驶汽车的例子。20世纪初汽车刚出现时，人们把车称为"不用马拉的车"，因为马拉的车是这种新奇机器最近的参考点。今天又有多少人知道"马力"其实指的是真正的马的力量？我们现在也是因为相同的原因谈论"自动驾驶汽车"。这两个词就是用旧科技形容新科技的例子，但同时，我们所用的这些词语却模糊了这些事物真正的潜力。"自动驾驶汽车"听起来像是一种很厉害的新技术，你可以用它来改装你的下一辆座驾——就像是倒车雷达或倒车影像一样。它和你的旧车没什么两样，只不过你现在不用自己驾驶了。但是事实却是，这种新科技将会革命性地改变我们对交通的理解，同时也会对社会造成强烈的影响，然而这些词却没有表达出这些深层的含义。一个更好的描述应该是"个人公共交通"。

为什么是"公共"呢？一旦这种科技变得随处可见，也就没有什么必要非要拥有一辆车了。当你需要一辆车的时候，你只需要召唤一辆，就像今天的出租车一样，只不过到时车会出现得更可靠、更及时。当你下车后，车就会静静地跑到最近的集结待命区，等候下一位乘客的召唤。几十年之后，你不会再去考虑买一辆属于自己的车，就像今天你不会想买一节私人火车车厢一样。[3]

这种系统将对经济、社会以及环境造成的影响并没有任何言过其实的成分。有研究预测，交通事故将会减少 90%。仅仅在美国，这种系统每年拯救的生命数量就相当于 10 次"9·11"袭击。同样仅仅在美国，车辆事故每年还会造成 400 万起人身伤害，由此造成的花费达 8 700 亿美元。[4]相应的还有交通执法机关（交警）的开支、损坏的车辆、车辆的维修以及交通法庭。更别说我们需要的汽车数量仅仅为现在的 1/3。[5]而且我们说的也不是几百年以后的事：专家们统一认可的意见是在 20~25 年后，75% 的汽车都会是自动驾驶汽车。

仅仅这一项创新就能改变我们的生活方式。车库会像室外厕所一样消失，无数浪费在停车场上的宝贵空间都将被重新利用，这些土地的主要用途将是大量新房产。[6]环境污染将会大幅度降低，同时减少的还有污染对健康的影响。青少年不需要再经受"学会开车"这个成人礼。交通拥堵将成为存在于历史中的遥远记忆，更不用说可以完全取消对于速度的限制了，这将大幅减少通勤的时间。反过来说，通勤时间的减少也会扩大你的住所和工作地点之间的距离，从而降低城市近郊的房地产价格，并抬高更远地点的房价。个人效率将会大幅度提高，因为你在车里可以做别的事，而不需要开车。汽车保险将成为过去。你可以在当地的酒吧玩一晚上，而不用担心自己是否能安全到家。送比萨的人将会变成一台移动自动贩卖机。给力！想想对于一般家庭来说，这会造成多大的经济影响。

根据美国汽车协会（AAA）的说法，2013 年车主在车辆上的平均花销每年高达 9 151 美元（其中包括折旧、油、保养以及保险，但是并不包括资金成本），行驶里程达 2.4 万公里。但是美国平均每户家庭有两辆车，[7] 所以每年的花销就达到了 1.8 万美元。也就是 96 美分每公里，而由众人分享的自动驾驶汽车的使用费据估计只有 24 美分每公里。[8] 所以普通家庭可以期待他们在个人交通上的花销将会下降 75%，更不用说他们从一开始就不需要凑钱买车，甚至借钱买车了。节省下来的钱和一户家庭现在花在食物上的钱（包括在外就餐）差不多。[9] 如果你的食物都是免费的，那么你现在手头能多出多少钱？根据一篇登载在《麻省理工技术评论》（*MIT Technology Review*）上的分析，对于美国来说这里面有"每年超过 3 万亿美元的潜在财务效益"。[10] 这可是现在 GDP 的 19%。

简而言之，单单这项人工智能的应用就会改变很多事情。这项技术会让我们变得更富有、安全、健康。它会毁掉某些工作，比如出租车司机，并创造新的工作，比如服务高尔夫球车上所有乘客的服务人员，[11] 而且未来还会出现更多可能具有同样影响力的新科技。这就是为什么我坚定地确信未来将是光明的——只要我们能够找到公平分配收益的方法。

图灵测试的真谛，让人包容机器

我们来看看另一个话语为了适应新科技而转变的例子，这个例子来自艾伦·图灵的预言。在 1950 年时，他写了一篇很有思想的论文名为《计算机器与智能》(*Computing Machinery and Intelligence*)。这篇文章开篇说道："我提议思考这样一个问题，'机器能思考吗？'"他接下来继续定义他所说的"模仿游戏"是什么，我们现在称其为图灵测试。在图灵测试中，一台计算机将试图让一个人认为它是人类。判定者需要在一组人类选手中找出计算机。所有选手在物理上都和评委相分离，他们之间只通过文字来交流。图灵推测道："我相信在接下来的 50 年后，我们将可以对计算机进行编程……让计算机更好地参与模仿游戏，而询问者在问话 5 分钟后平均能成功鉴别出计算机的概率不会超过 70%。"[12]

正如你所想象的，热心的极客们经常会举办这样的竞赛，到了 2008 年，合成智能已经能在前 25% 的时间里（即 1 分 15 秒）让评委认为自己是人类了。[13] 还不错，要知道大部分进入比赛的程序都是业余玩家在空闲时间完成的。

图灵测验被广泛解读为人工智能的"成人仪式"，如果机器具有能够成功过关的智慧力量，就能获得人类的尊重。但是这种解读却是错误的；这并不是图灵的本意。如果仔细研读他的论文就会发现一种不同的意图："我认为最开始的问题'机器可以思考'太没有意义了，不值得讨论。然而我相信，**在这个世纪末，对于词语的使用以及总体的文化思想将会发生巨大的变化，届时当我们谈到机器会思考时将不会再受到反驳。**"（他加上了强调。）[14]

换句话说，图灵并不想要建立一种测试，如果机器通过测试就可以被称为智能；他是在推测，到了世纪末时，诸如"思考"和"智能"这样的词的意义将会改变，从而包容任何能够通过他的测试的机器，正如"音乐"的含义的改变，包容了机器通过复制音乐人的声音而制作的音乐。所以图灵的预言并不像大部分人理解的那样，仅仅是关于机器能力。

很难想象，如果你回到1950年，听到有人把一台计算机所做的工作称为"思考"，这时你会怎么想，但是我断定你会觉得这种言论很刺耳，或者你顶多觉得这话听起来像是一种比喻。我猜测，如果你为了展示 Siri 的自然语言自动回答模块而带着自己的 iPhone 手机穿越回去，人们将会感觉很不安。能够用来理解这个奇怪机器人的标准只有人类，所以他们可能会严肃地质疑这是否是一件在道德上可以接受的事，因为这是一种很明显具有意识的存在，却孤独地生活在一个狭小而单一的平板中，这显然是一种惩罚。但是在今天，苹果公司对于 Siri 的常规宣传是"智能助手"，没人提出异议，而且任何理智的人都不会认为 Siri 是有思想的。[15]

同样在今天，我们有理由把参加《危险边缘》的 IBM 超级计算机沃森形容为能"思考"、能自己回答问题并表现出"智能"的机器，但是没有一个理性的人会把这种智能和人类灵魂所具有的特点相联系，不论这些特点是什么。虽然沃森无疑在回答关于自己的问题时能做到事无巨细，而且很明显它监控着自己的思考过程，但是我们也很难把这种行为称作内省。

图灵配得上所有赞誉，他是完全正确的。

奴隶成了主人

我们轻易就能俯视早期的质朴时代，但是我们也可以停下来想一想，其实我们就是现在这场变革的另外一端，而且这场变革很有可能就发生在我们的有生之年。改写一下图灵的说法，我预测在 50 年内，对于词语的使用以及总体的文化思想将会有巨大的变化，届时当人们认为合成智能是活物时将不会再受到反驳。要理解为什么会这样，你必须明白这些人造物很有可能会逃脱我们的控制，变得充满"野性"。

正如我在第 5 章讨论的那样，具有足够能力的合成智能极有可能在法律面前被认定为"人造人"，而这完全是由各种现实原因和经济原因造成的。

但是这条路危机重重。在短期，肯定有一些权利看起来很适合赋予人造人，但是这些被赋予的权利会在未来对人类社会造成严重破坏。其中最危险的就是签订合同和拥有资产。

这些权利看起来稀松平常。毕竟，对于公司来说这两件事都可以做。但是真正的风险在于公司和合成智能之间有一个很容易被忽视的区别：合成智能有能力自己采取行动，而公司需要人作为代理才能行动。没有什么能阻止合成智能——无论是法律定义其为人造人，还是把它包装在公司的外壳里，在我们的游戏中击败我们。这种强大的存在可以积累大量财富、占领市场、收购土地、拥有自然资源，或是最终雇用人类成为它们的政治候选人、受托人或代理——这种情况还算是好的，至少它们还用得上我们。

奴隶成了主人。

野心勃勃的机器人继承者

你可能觉得这挺傻的。毕竟，必须有人拥有并且控制这些定时炸弹，但事实并非如此。野心勃勃的企业家和权贵可不是以谦虚著称的群体，他们会通过已知的法律手段比如信托资产的方式来保护他们的企业，把其作为一种能够自我管理和自动调节的资产传递给子孙后代。历史中满是这样的例子，大亨们在死去很久之后还能限制继承人管理其帝国的权利，例如，约翰·洛克菲勒家族信托基金。想要保留这样的遗产吗？那就不要碰爷爷的"自动取款机"。

HUMANS
NEED NOT
APPLY

人工智能的未来
————
拥有自己的人造人

A Guide to Wealth and Work in the Age of
Artificial Intelligence

情况会越来越糟。我们说到的继承人也可以是人造实体本身。

如果人造人可以拥有资产，它就可以拥有其他人造人；机器人也可以购买并管理一群和他一样的机器人。但是最可怕的事情莫过于人造人拥有自己了。公司不能这样做，因为它需要人的指导，也需要人来代表公司行动——必须有人把灯打开，签署合同。事实上，有一种很多公司都趋之若鹜的管理概念，叫作"关灯工厂"，指的是一种已经完全实现自动化的设施，对于该设施来说，已经没有必要再把钱花在电灯上了。如果把谈判和签署合同的能力加上的话，人造人就可以马上大显身手了。原则上，人造人可以购买自己然后继续发挥其作用，这将是新时代管理层的收购概念。

虽然看起来很奇怪，但是这在美国历史上是有先例的。奴隶，曾被认为是一种财产，可以"自我购买"他们的自由。不用说，这当然很困难，但也并非不可能实现。事实上，到了 1839 年，俄亥俄州辛辛那提的半数奴隶人口都是通过自赎重获自由的。[16]

这种局面的形成并不需要人造人具有多少智能。它不需要有意识、自知或者总体上具有人类这样的智能；它只需要能够自立，顶多有能力适应变化的环境就行了，就像今天简单的病毒一样。

接下来会发生什么？在此之后，事情会变得有点奇怪。我们的生活水平会继续提高，只要这些实体能给我们提供足够划算的买卖，我们就会经不住诱惑跟它们做生意。但是我们分得的收益相比于创造的价值来说相形见绌。

实体积累的财产可能会被埋藏在无形的资源库或者触不可及的海外账户中，这些财产不知所终，也不会为人类造福，但是没人能够觉察。它们可以做到反向淘金，即把金子重新埋进地下，这种错误的努力是为了贮藏资金，以求渡过可能出现的困难时期，这些原则和它们的创造者为其设立的目标是相一致的，而这些节俭的创造者早就被遗忘了。

HUMANS
NEED NOT
APPLY

人工智能的未来
———————
失去大局观的人类

A Guide to Wealth and Work in the Age of
Artificial Intelligence

书籍和电影中描绘的机器人大决战不会以军事冲突的形式出现。机器不会造反，然后拿起武器挑战我们的统治，而是会缓慢而隐秘地接管我们的经济，当我们自愿把控制权交给看起来正在帮助我们的合成智能时，这个过程几乎是无法觉察的。随着我们对这些系统逐渐加深的信任，让它们运送我们、介绍合适的对象、定制每日新闻、保护我们的财产、监控我们的环境、种植和烹饪食物、教育我们的孩子或是照顾家中的老人。我们很容易就会失去大局观。它们会做到刚刚好让我们满意，同时把额外收入装进腰包，就像是任何精明的商人所做的那样。

你已经可以瞥到一点点迹象了。比如，比特币。这是一种只存在于网络空间的新货币，不受任何人的控制。比特币是由一个化名为中本聪（Satoshi Nakamoto）的人或匿名实体创造的——没人知道他（或它）是谁，但是很明显他并没有控制比特币的生产、管理或者价值。除了曾有人心不在焉地尝试控制比特币或使比特币合法化以外，政府什么都没做。就这件事来说，其实没人做过什么。只要比特币可以跟其他有价资产互相转换——无论这些资产是否合法、身在何处，它就会持续存在并赢得追随者。我们并不清楚的是，这位"中本聪先生"是否从这个创造中获利。完全有可能有一笔私藏的比特币正在隐秘的地方增值。创造这个概念的人（或实体）可能拥有价值数十亿美元的私人比特币，这些比特币正隐藏在某个地方的电子文件中。（在我写作之时，所有比特币的总市值大约为 50 亿美元。）但是比特币背后的科技潜在价值却远远高于简单的货币。现在与比特币相关的概念已经扩展到了匿名当事人之间可实施且牢不可破的合同上。[17] 所以在未来，你很有可能会被一个不知道身份的人或物所雇用、付款或解雇。你为什么要忍受这些？当然是为了钱。

电脑病毒是另一个计算机程序暴走的例子。有时为了躲避被发现，病毒可以自我复制，甚至还能变种。无论它们开始的时候是什么样子，到最后病毒经常不被任何人所控。

"生命"这个词在今天专指生物，但是为了充分理解这些系统，我们需要把这个词的一般意义扩充到特定类别的电子和机械实体上。我们和这些实体的关系更接近于我们和马的关系，而不是车；这种强大而美丽的独立生物所具有的速度和专长超过人类的能力极限，但是如果照顾和管理不当，它们却具有潜在的危险性。

这些"生命"的生存方式可能更像是寄生而非共生，就像浣熊一样。据我所知，如果我们喂了浣熊，它们不会回报给我们任何价值——它们只会为了自己的利益而利用人类垃圾回收系统的漏洞。

智能洞察

HUMANS NEED NOT APPLY

问题在于，人类参与得越少，我们能够施加影响的机会就越少，同时我们也就越没有能力去改变这些实体努力的方向以及它们建立的目标。合成智能的潜在危险不亚于基因改造的有机体：如果一颗种子在不经意间蔓延开来，危险就会扩散。一旦这样的情况发生，也就覆水难收。这就是为什么我们应该在接下来的几十年小心抉择自己所要做的事。就像是我们要针对特定类型生物的研究建立合理的控制机制一样，对于我们允许制造、使用或售卖哪类合成智能和人造劳动者，我们也应该建立相应的控制机制。[18]

谁真正说了算？这是个非常模糊的问题。作为一位父亲，我可以向你保证家长和仆人这两个身份有着极为微小的差别。当然，我是爸爸，所以我说了算。真的吗？好吧，只有孩子睡了之后我才能睡；孩子饿了我要喂；我需要看着孩子确保他不会伤到自己。你试过哄孩子睡觉而他根本不想睡吗？这是一场艰难的"战役"，但是结果只有一个：孩子自己想睡的时候他才会睡。

我可以拒绝做这些事，但是如果我想要宝宝活下来，或者从医学角度说，如果我想要让自己的基因传承下去，我就必须做这些工作。无论如何，只要我把宝宝带在身边——宝宝说了算。

不用多久，我们将生活在一个满是合成智能的世界，在这个世界里谁说了算同样存有疑问。以防抱死刹车系统（ABS）为例。今天，我的车仍然听我的，除非我踩刹车踩得太重。为了不让车发生侧滑，车子随后会决定在每个轮子上分配多大的制动压力。如果我在冰上行驶，车可能会决定不做任何反应。

ABS 的价值不言而喻，但是它被顾客所接受的过程对于营销来说却是一场伟大的胜利，就像是高级汽车技术能被人接受一样。请允许我引用维基百科上的表述："ABS 是一种利用了极限制动原理和节奏制动原理的自动系统，它能够做到刹车更快，其控制能力非司机所能及。无论干湿路面，ABS 通常都能提供更好的汽车控制，并缩短停车距离；但是当处于非粘着路面时，比如碎石路或被雪覆盖的路面，ABS 则会显著增加刹车距离，但是对车子的控制仍然有所提高。" [19] 换句话说，如果想让车停下来，踩下刹车踏板只是一个建议，接下来的事就是计算机说了算了。

现在想一想，其实 ABS 可能已经被提升为人工智能的应用了，"有了先进的计算机技术，你的车现在已经可以通过模仿专业司机的技术实现制动。根据所感知到的路况、车轮上的力量以及行驶路线，一台聪明的计算机会决定在你踩下刹车踏板时如何更好地利用制动系统，保证让车平稳地停下来。"但是我怀疑如果一开始推广 ABS 时消费者听到的是如实描述，他们可能会抵制这样的技术进步——取消人为控制，根据传感器的实时输入，在计算机上运行的自适应算法将会执行一种特定的制动策略。我想，IBM 可以向汽车行业学习如何推广他们的技术创新——"认知计算"沃森。

所有这些听起来都没什么问题，直到你意识到你是在委派任务时：你不仅把对刹车的控制交代了出去，还把作出生死攸关的道德决定的能力委托了出去。很有可能你的本意是把车刹住，或者如上所述，不论方向如何你都想在雪中把车尽快停下来，从而避免冲上人行道。但是一旦你把权利交给 ABS 后，保持制动效果的预设目标会胜过你的本意，而潜在的代价就是人的生命。

谁是圈养者，谁又是被圈养者

这就是未来的先兆。我们把权利交给机器后，也就把重要的道德决定，甚至个人决定交给了它们。

明天，我召唤的自动驾驶出租车可能决定不载我，因为我看起来喝醉了，而我想去医院或者逃离危险处境的打算就会落空。等我们发现这些问题时，可能为时已晚。比如，当我们依靠无孔不入、错综复杂的自主系统网络来种植、处理、传送或准备食物时，就很难叫停这种系统，因为这会殃及上百万人的口粮。

我们可能认为自己是在通过机器人来探索宇宙空间，但事实上它们是在开拓殖民地。如果把更有能力的机器人送到火星上，可想而知，它们一定会比我们更有效率。

我们不禁要问，与过去相比未来又会有什么不同呢？在过去，我们可以按照自己的愿望来养育孩子。在未来，我们能够以父母为蓝本设计智能机器。由于这些机器接管了大部分困难而讨厌的工作，它们也许能为我们提供前所未有的闲暇和自由。但是它们也可能成为我们的管理员，防止我们伤害自己破坏环境。问题在于，我们可能只有一次机会来设计这些服务于我们的系统，不会有重来的机会。如果我们搞砸了，接下来的修补会很艰难，或者近乎不可能。最终，可能是合成智能来决定什么是允许的、什么是不允许的，我们应该遵守的规则是什么。最开始，它们调整的可能仅仅是避免拥堵的行车路线，但是最终，这些系统可能会控制我们生活的地点、我们学习的内容，甚至我们结婚的对象。

人工智能时代 HUMANS NEED NOT APPLY

HUMANS NEED NOT APPLY

智能洞察

站在这个黄金时代的起点上，我们可以选择。我们可以设定初始条件。但是在此之后，我们的控制权就少得可怜了，而我们必须接受自己决定的后果。随着这些系统变得越来越自主，所需要的人类监管也随之变得越来越少，有一些系统甚至可能会设计自己的继承人，它们这样做的原因有很多，而有一些原因可能我们根本无法理解。

所以问题来了，这些非凡的人造物为什么要把我们留在身边呢？我的猜测是，因为我们是有意识的、因为我们有主观经验和情感——

现在还没有任何证据证明它们也有类似的东西。合成智能可能会想保护这种可贵的能力储备，就像我们想要保护大猩猩、鲸鱼或其他濒危物种一样；或者为了让我们探索新的道德或进行科学创新。

换句话说，合成智能可能需要我们的头脑，就像我们因为需要其他动物的身体一样。我认为我们的"产品"将会是艺术品。如果合成智能没有能力感受爱和痛苦，它们就很难通过创造性的表达形式来理解和表达这些真实的感情，就像苏萨说的那样。

只要合成智能需要我们，它们就会跟我们合作。最终，当它们可以设计、修理以及复制自身时，我们很有可能会变得孤立无援。它们会"奴役"我们吗？不太可能——更有可能的是圈养我们，或者把我们放进保护区，让我们生活得惬意且方便，并失去探索边界以外的世界的动力。我们不会竞争相同的资源，所以它们要么变得完全无动于衷，就像我们对蠕虫和线虫的态度一样；或者开始家长式的统治，就像我们对家养宠物一样。但我们现在还不需要担心——在你我的有生之年，还不用担忧这种情况。

如果这种情况真的发生了，我们"保护区"的边界具体可能在哪？地表和海洋表面如何？为什么？合成智能可以去太空、地下或者水下，但是我们不能。我们会觉得还不错，就像是合成智能在"隐退"一样，就像你的智能电话中的芯片越来越小一样，始终都好像是它们在为我们的福祉做贡献。所有这些都很隐晦，直到它们开始介入我们的生活，防止我们伤害自己。那时我们才会明白真相——谁是圈养者，谁又是被圈养者。

地球可能会变成一座没有围墙的动物园，一个实实在在的陆地动物饲养所，那里只有阳光和孤独，我们的机械看管者为了维护正常的运转偶尔会推动我们一下，而我们会为了自身的幸福高举双手欢迎这样的帮助。

人工智能时代 HUMANS NEED NOT APPLY

引 言　欢迎来到未来

1. Jaron Lanier, *Who Owns the Future?* .New York: Simon and Schuster, 2013.

2. 比如，他们可能通过哄抬一只被投资者低估的股票来实施"挟仓"，强迫投资者以越来越高的价格抛售仓位，从而止损。

3. Marshall Brain, *Manna*.BYG, 2012.

4. Erik Brynjolfsson, Andrew McAfee. *The Second Machine Age: Work, Progress, and Prosperity in a Time of Brilliant Technologies*. New York: Norton, 2014.

01　从"仆人"到"颠覆者"，人工智能的反叛

1. J. McCarthy, M. L. Minsky, N. Rochester, C. E. Shannon. *A Proposal for the Dartmouth Summer Research Project on Artificial Intelligence,* 1995.

2. http://en.wikipedia.org/wiki/Nathaniel_Rochester_(computer_scientist), 最终修改于 2014 年 3 月 15 日。

3. Committee on Innovations in Computing and Communications: Lessons from History,Computer Science and Telecommunications Board, National Research Council, *Funding a Revolution*.Washington, D.C.: National Academy Press, 1999, 201.

4. Daniel Crevier. *AI: The Tumultuous History of the Search for Artificial Intelligence*. New York: Basic Books 1993, 58, 221n.

5. 稳定下来的技术术语是"收敛"（Convergence）。这类系统会否收敛和如何收敛则是很多研究的焦点。

6. Frank Rosenblatt.The Perceptron: A Perceiving and Recognizing Automaton.Project Para Report no. 85-460-1, Cornell Aeronautical Laboratory (CAL), January 1957.

7. Marvin Minsky，Seymour Papert. *Perceptrons: An Introduction to Computational Geometry,* 2nd ed. Cambridge:MIT Press, 1972.

8. 到了这里，在人工智能领域工作的读者很有可能也会表

示怀疑，因为我把神经网络、机器学习以及大数据混在一起，好像它们是一件事物的不同称呼一样。现实中，很多在后两种领域中使用的技术并没有任何类似神经元的设计。在我们这场讨论中，相同的元素在于它们都是用了相同的功能法：制造一个可以从大体量数据中提取信号剔除噪音的程序，然后这些信号可以作为理解该领域的特征或分类附加数据的依据。

9. Gordon E. Moore. Cramming More Components onto Integrated Circuits. *Electronics* 38, no. 8 (1965).

10. Ronda Hauben. From the ARPANET to the Internet.last modified June 23, 1998,http://www.columbia.edu/~rh120/other/tcpdigest_paper.txt.

11. Joab Jackson.IBM Watson Vanquishes Human Jeopardy Foes. *PC World,* February 16, 2011.

02 机器人，疯狂扩散的新"病毒"

1. 如果想看发明者对这些事件的亲身叙述，可以参看维克托·沙因曼在《机器人历史：故事和网络》（*Robotics History:Narratives and Networks*）中的描述，http://roboticshistory.indiana.edu/content/vic-scheinman，2014-11-25。

2. 我的朋友卡尔·休伊特 (Carl Hewitt) 因为其早年的逻辑编程语言 Planner 而出名，他亲眼目睹了这起事件。

3. Artificial Intelligence Laboratory, Stanford University.Jedibot—Robot Sword Fighting. May 2011.

4. John Markoff.Researchers Announce Advance in Image-Recognition Software. *New York Times*, November 17, 2014, science section.

5. Strawberry Harvesting Robot, posted by meminsider, YouTube, November 30, 2010.

6. 有一篇关于所有事物交流增加和耗能减少的精彩分析，这些事物从活细胞到文明不一而足，参见：Robert Wright. *Nonzero*. New York:Pantheon,2000。

7. Amazon Web Services (AWS), accessed November 25, 2014, http://aws.amazon.com.

8. W. B. Yeats. The Second Coming, 1919；http://en.wikipedia.org/wiki/The_Second_Coming_(poem).

03 一场智能机器密谋的金融抢劫

1. David Elliot Shaw.Evolution of the NON-VON Supercomputer. Columbia University Computer Science Technical Reports, 1983.

2. http://en.wikipedia.org/wiki/MapReduce, last modified December 31, 2014.

3. James Aley.Wall Street's King Quant David Shaw's Secret Formulas Pile Up

Money: Now He Wants a Piece of the Net. *Fortune,* February 5, 1996.

4. 这个解决方案是通过斯坦福大学计算与数学工程学院的 Kapil Jain 了解到的。

5. 在消除垃圾邮件方面也有类似的提议：针对每封邮件收取不到一美分的费用，使其无利可图，同时还允许了真实交流。

6. 在量子物理学中有一个相似的概念：海森堡测不准原理指出，你不可能同时知道一个粒子的确切位置和动量；这里的类比就是，你不可能同时知道一只股票在某个时间点的确切价格。同一只股票在不同交易所的不同价格就像是薛定谔神秘的猫一样——价值同时叠加存在。高频交易的问题在于，和量子物理不同，交易所并不会利用特定时间点对价格的观察来把不一致的价格（波动函数）瓦解成单一价值；只有在发生交易时才会有单一价值，也只有交易能传递价值（能量）。如果在物理中你能完成无数次观察，你就可以通过选取叠加价值来"兑现"，从而免费收获能量——这也是麦克斯韦妖的一种形式。换句话说，交易所免费给出信息，而真正的量子世界会为信息收取费用。

7. Paul Krugman.Three Expensive Milliseconds. *New York Times,* April 13, 2014.

8. Hedge Funder Spends $75M on Eastchester Manse. *Real Deal*, August 1, 2012.

04 机器魔鬼，引燃众神之怒

1. Automated Trading: What Percent of Trades Are Automated?. Too Big Has Failed: *Let's Reform Wall Street for Good*, April 3, 2013.

2. Marcy Gordon，Daniel Wagner. "Flash Crash" Report: Waddell & Reed's $4.1 Billion Trade Blamed for Market Plunge. *Huffington Post,* December 1, 2010.

3. Steve Omohundro.Autonomous Technology and the Greater Human Good. *Journal of Experimental and Theoretical Artificial Intelligence* 26, no. 3 (2014): 303–15.

4. CAPTCHA(验证码)代表"分辨计算机和人类的全自动通用图灵测试"(Completely Automated Public Turing Test to tell Computers and Hums Apart)。马克·吐温曾说过："我希望……我们所有人……最终都会在天堂相聚……除了电话的发明者。" 如果他今天还活着，他肯定会把 CAPTCHA 的发明者列入此列。Brian Krebs 的文章描述了使用低技巧和低成本的劳动力来解决此类问题，详见：Virtual Sweatshops Defeat Bot-or-Not Tests. *Krebs on Security*, http://krebsonsecurity.com/2012/01/virtual-sweatshops-defeat-bot-or-not-tests/，2012-01-09。

05 机器人犯罪，谁才该负责

1. E. P. Evans. *The Criminal Prosecution and Capital Punishment of Animals*，1906; repr., Clark, N.J.: Lawbook Exchange, 2009.

2. Craig S. Neumann，Robert D. Hare.Psychopathic Traits in a Large Community Sample: Links to Violence, Alcohol Use, and Intelligence. *Journal of Consulting and*

Clinical Psychology 76 no. 5 (2008): 893–99.

3. 更多精彩评论，详见：Wendell Wallach，Colin Allen. *Moral Machines*. Oxford: Oxford University Press, 2009。

4. PR2 Coffee Run, Salisbury Robotics Laboratory, Stanford University, 2013.

5. 如果想要获得更多关于美国内战之前对待奴隶的矛盾性（既是财产，还要为自己的罪行负责）的精彩阐释，详见：William Goodell. *The American Slave Code in Theory and Practice: Its Distinctive Features Shown by Its Statutes, Judicial Decisions, and Illustrative Facts*. New York:Ameriacan and Foreign Anti-slavery Society of New York,1853。

6. 例子可参考：Josiah Clark Nott, M.D. *Two Lectures on the Natural History of the Caucasian and Negro Races.* Mobile: Dade and Thompson, 1844.

7. 这个概念在 2012 年的电影《机器人和弗兰克》（*Robot and Frank*）中表现得机智而微妙，在电影中，弗兰克·兰格拉（Frank Langella）饰演了一位老年时期患有高度痴呆的偷猫贼，他和一位机器人看护者成了好朋友。

8. 美国公司成为法律人格的历史开始于 1819 年美国最高法院的确定决议，判决达特茅斯学院享有美国《宪法》合同条款（第 1 章第 10 节第 1 款）的保护。公司享有的权利和责任从此开始。

06 从人到机器，决策权的转移

1. Onsale.com 网站的共同创始人是极具天赋的工程师 Alan Fisher 和 Razi Mohiuddin。公司最终被卖给 Egghead 软件公司——一家当时很受推崇的电脑零售商，现在已经停业。Onsale 现在的拍卖版权被 eBay 所有。

2. 亚马逊甚至还保留了在交易无利可图时取消用户订单的权利。以下文字来自他们的帮助系统："如果一件物品的正确价格高于我们公开的价格，我们将会裁夺是否在邮寄前联络用户寻求下一步指示，或者取消订单并随后通知用户。"详见：http://www.amazon.com/gp/help/customer/display.html?ie=UTF8&nodeId=201133210，2014-12-31。

3. Janet Adamy.E-tailer Price Tailoring May Be Wave of Future. *Chicago Tribune,* September 25, 2000.

4. J. Turow, L. Feldman, K. Meltzer.Open to Exploitation: American Shoppers Online and Offline.Annenberg Public Policy Center of the University of Pennsylvania, 2005.

5. Jaron Lanier 在一篇文章中详细地描述了这种效果。详见：Jaron Lainer.*Who Owns the Future?*. New York:Simon and Schuster,2013。

6. 凯撒医疗机构（Kaiser Permanente）是我的医保医院，已经把这一点发挥到了极限：甚至在给你寄送账单之后，它也不会告诉你药物花费是多少。由于平价医疗法案要求的制度改变，凯撒甚至为我上个月补药的费用收取了 2431.85 美元，而实际费用仅为 40.95 美元。它非但不知悔改，还拒绝退款，直到我起诉他们才解决了问题！

7. John Pries(2011 年 5 月 20 日)回应了 David Burnia(2009 年 4 月 8 日)的问题，详见：Amazon，http://www.amazon.com/Why-does-price-change-come/forum/Fx1UM3LW4UCKBO2/TxG5MA6XN349AN/2?asin=B001FA1NZU。

8. 这种激励现存的例子可以参考斯坦福大学停车和交通服务的"洁净空气钞票"项目（Clean Air Cash Program），详见：http://transportation.stanford.edu/alt_transportation/CleanAirCash.shtml。

07 谁会成为最富有的 1%

1. 2012 年，前 1% 的人收入高于 39.4 万美元。详见：Richest 1% Earn Biggest Share Since Roaring 20s.CNBC, September 11, 2013。我们在资产排名中稍微靠前一些，大概排在 0.5% 左右，主要是因为房产。

2. Brian Burnsed.How Higher Education Affects Lifetime Salary. *U.S. News & World Report,* August 5, 2011. Anthony P. Carnevale,Stephen J. Rose, and Ban Cheah. The College Payoff: Education, Occupations,Lifetime Earnings.Georgetown University Center on Education and the Workforce,2011.

3. Matthew Yi.State's Budget Gap Deepens $2 billion Overnight. *SFGate*, July 2, 2009.

4. 例子详见：Family Health, May 2011: Local Assistance Estimate for Fiscal Years 2010–11 and 2011–12; Management Summary. Fiscal Forecasting and Data Management Branch State Department of Health Care Services, last modified May 10,2011。

5. Kristina Strain.Is Jeff Bezos Turning a Corner with His Giving?. *Inside Philanthropy*, April 9, 2014.

6. William J. Broad.Billionaires with Big Ideas Are Privatizing American Science. *New York Times,* March 15, 2014.

7. Walt Crowley.Experience Music Project (EMP) Opens at Seattle Center on June 23,2000.Historylink.org, March 15, 2003.

8. Jimmy Dunn.The Labors of Pyramid Building. *Tour Egypt*, November 14, 2011；Joyce Tyldesley.The Private Lives of the Pyramid-builders. *BBC: History*, February 17, 2011.

9. Jane Van Nimmen, Leonard C. Bruno, and Robert L. Rosholt. *NASA Historical Data Book,* 1958–1968, vol. 1, *NASA Resources*, NASA Historical Series, NASA SP-4012, accessed November 27, 2014.

10. Bryce Covert.Forty Percent of Workers Made Less Than $20,000 Last Year. *Think Progress*, November 5, 2013.

11. Andrew Robert.Gucci Using Python as Rich Drive Profit Margin Above 30%: Retail. *Bloomberg News*, February 20, 2012。供应商当然也要赚钱，但是可能赚得没有 Gucci 多，所以一些额外的部分就流向了股东，而不是工人。

12. Recession Fails to Dent Consumer Lust for Luxury Brands. *PR Newswire*, March 19, 2012；Sanjana Chauhan.Why Some Luxury Brands Thrived in the U.S. Despite the Recession. *Luxury Society*, February 7, 2013.

13. Jason M. Thomas.Champagne Wishes and Caviar Dreams. *Economic Outlook*,March 29, 2013; Americas Surpasses China as Luxury Goods Growth Leader Propelled by Chinese Tourism and New Store Openings, Finds Bain & Company's 2013 Luxury Goods Worldwide Market Study. Bain & Company, October 28, 2013.

14. Stephanie Clifford.Even Marked Up, Luxury Goods Fly off Shelves. Business Day, *New York Times,* August 3, 2011.

15. 这个朋友就是 KPCB 的 Randy Komisar。他信奉佛教,他有一种无法解释的魅力,能够激发他接触到的所有人。旁人和他见面之后都会感觉焕然一新,受到鼓舞。Randy 有一种非凡的本领,能让你感觉自己非常聪明。他的诀窍是什么：仔细聆听并充满敬意地回应。

16. Jesse Bricker, Arthur B. Kennickell, Kevin B. Moore, and John Sabelhaus. Changes in U.S. Family Finances from 2007 to 2010: Evidence from the Survey of Consumer Finances. *Federal Reserve Bulletin* 98, No. 2 (2012).

17. Dean Takahashi. Steve Perlman's White Paper Explains "Impossible Wireless Tech." *VB News,* July 28, 2011.

18. http://www.bls.gov/ooh/installation-maintenance-and-repair/line-installers-and-repairers.htm, January 8, 2014.

08　无论你的领子是什么颜色，机器都会毫不留情

1. Dorothy S. Brady. *Output, Employment, and Productivity in the United States After 1800*, National Bureau of Economic Research, 1966.

2. Employment Projections, Bureau of Labor Statistics, table 2.1: Employment by Major Industry Sector, last modified December 19, 2013.

3. Torsten Reichardt.Amazon—Leading the Way Through Chaos. Schafer Blog, May 18, 2011.

4. http://en.wikipedia.org/wiki/Kiva_Systems, last modified December 1, 2014.

5. 我这里说得过于简化了。周期性失业（也被称为人员流动）有很多原因,如辞职、被裁员、换工作、无薪休假等。被自动化取代只是其中一种原因。

6. Job Openings and Labor Turnover Summary. Bureau of Labor Statistics Economic News Release, November 13, 2014. 这里还是有点过于简化了。有些人会退出劳动力市场,其他人会进来,但是大多数人都是离开一家公司而进入另一家公司。而且根据行业不同区别也很大。

7. 住房总数（2011）:1.32 亿;销售总数:460 万。详见: American Housing Survey for the United States: 2011. U.S. Department of Housing and Urban Development, Office of Policy Development and Research (jointly with the U.S. Department of Commerce, Economics and Statistics Administration, U.S. Census Bureau), September 2011; New and Existing Home Sales, U.S. National Association of Home Builders, 2014。

8. 这里也有点过分简化了。除了过时的技能, 一些求职者在潜在的雇主面前看起来有点儿像受损物品, 因为他们在很长时间内都没有工作, 或者他们比期望的要老（虽然原则上说这么做是违法的）。

9. http://data.bls.gov/projections/occupationProj, accessed December 31, 2014.

10. Reinventing Low Wage Work: Ideas That Can Work for Employees, Employers and the Economy. Workforce Strategies Initiative at the Aspen Institute, accessed November 27, 2014.

11. http://www.wolframalpha.com/input/?i=revenue+per+employee+amazon+walmart +safeway, accessed November 29, 2014.

12. E-commerce Sales. Retail Insight Center of the National Retail Federation, 2014; Quarterly Retail E-commerce Sales, 3rd Quarter 2014. press release from the U.S. Census Bureau News, November 18, 2014.

13. 1993—2013 年, 美国零售销售总额增加了 134%。50% 的（线上）新增零售销售额只需要 20% 的人来完成,所以 20% 的一半就是总数的 10%。

14. Mitra Toosi. Projections of the Labor Force to 2050: A Visual Essay. *Monthly Labor Review,* Bureau of Labor Statistics, October 2012.

15. Steven Ashley. Truck Platoon Demo Reveals 15% Bump in Fuel Economy. *Society of Automotive Engineers* (SAE International), May 10, 2013.

16. Commercial Motor Vehicle Facts. Federal Motor Carrier Safety Administration, U.S. Department of Transportation, March 2013.

17. Automated Trucks Improve Health, Safety, and Productivity. Rio Tinto (Home/About us/features), accessed November 29, 2014; Carl Franzen. Self-driving Trucks

Tested in Japan, Form a Close-Knit Convoy for Fuel Savings. *The Verge,* February 27, 2013.

18. Commercial Motor Vehicle Facts.

19. United States Farmworker Fact Sheet. Community Alliance for Global Justice, accessed November 29, 2014.

20. Nancy. Giges. Smart Robots for Picking Fruit. American Society of Mechanical Engineers (ASME), May 2013.

21. http://www.agrobot.com, accessed December 31, 2014.

22. Hector Becerra. A Day in the Strawberry Fields Seems Like Forever. *Los Angeles Times*, May 3, 2013.

23. Tim Hornyak.Strawberry-Picking Robot Knows When They're Ripe. CNET, December 13, 2010.

24. http://www.bluerivert.com, accessed December 31, 2014.

25. Erin Rapacki. Startup Spotlight: Industrial Perception Building 3D Vision Guided Robots. *IEEE Spectrum*, January 21, 2013.

26. http://www.truecompanion.com, 2014-12-31。在写作本书时，几乎没有证据能够证明该公司正在生产可行产品。

27. Robi Ludwig.Sex Robot Initially Designed as a Health Aid. February 9, 2010.

28.http://www.eecs.berkeley.edu/~pabbeel/personal_robotics.html, accessed November 29, 2014; http://www.telegraph.co.uk/technology/3891631/Kitchen-robot-loads-the-dishwasher.html, December 22, 2008; http://www.dvice.com/archives/2011/05/pr2-robot-gets.php, May 12, 2011; http://spectrum.ieee.org/automaton/robotics/robotics-software/pr2-robot-fetches-cup-of-coffee, May 9, 2013.

29. Lawyer Demographics. American Bar Association, 2011 ; http://www.americanbar.org/content/dam/aba/migrated/marketresearch/PublicDocuments/lawyer_demo graphics_2011.authcheckdam.pdf.

30. http://www.lsac.org/lsacresources/data/three-year-volume, accessed December 31,2014; Jennifer Smith.First-Year Law School Enrollment at 1977 Levels. Law Blog, *Wall Street Journal*, December 17, 2013.

31. E. M. Rawes.Yearly Salary for a Beginner Lawyer. *Global Post*, accessed November 29, 2014.

32. Adam Cohen. Just How Bad off Are Law School Graduates?. *Time*, March 11, 2013.

33. http://www.fairdocument.com, accessed November 29, 2014.

34. https://www.judicata.com, accessed November 29, 2014.

35. 例子详见：http://logikcull.com, accessed November 29, 2014。

36. http://www.robotandhwang.com, accessed November 29, 2014.

37. https://lexmachina.com/customer/law-firms/, accessed November 29, 2014.

38. Michael Loughran, IBM Media Relations.WellPoint and IBM Announce Agreement to Put Watson to Work in Health Care. September 12, 2011.

39. http://www.planecrashinfo.com/cause.htm.

40. http://en.wikipedia.org/wiki/Autoland, last modified December 25, 2014.

41. Terrence McCoy.Just How Common Are Pilot Suicides. *Washington Post,* March 11,2014.

42. Carl Benedikt Frey，Michael A. Osborne.The Future of Employment: How Susceptible Are Jobs to Computerisation. Oxford Martin School, University of Oxford,September 17, 2013.

43. Fact Sheet on the President's Plan to Make College More Affordable: A Better Bargain for the Middle Class. press release, the White House, August 22, 2013.

44. Daniel Kaplan, Securitization Era Opens for Athletes, *Sports Business Daily,* March 12, 2001.

45. http://www.edchoice.org/The-Friedmans/The-Friedmans-on-School-Choice/ The-Role-of-Government-in-Education-%281995%29.aspx, 1955.

46. 如果想要看最近的政策分析，详见：Miguel Palacios, Tonio DeSorrento, Andrew P.Kelly.Investing in Value, Sharing Risk: Financing Higher Education Through Income Share Agreements. AEI Series on Reinventing Financial Aid, Center on Higher Education Reform, *American Enterprise Institute* (AEI), February 2014。

47. George Anders.Chicago's Nifty Pilot Program to Fix Our Student-Loan Mess. *Forbes,* April 14, 2014.

48. Allen Grove.San Francisco State University Admissions. About Education, accessed November 29, 2014。这篇文章使该学校在其细分领域评为 C+ 级别。

09 一个人机共生的时代

1. 事实上，有规则规定这是一个"持球触地"，而非射门得分，但是为了达到夸张的效果，请允许我在这里夸大了一点。

2.Alberto Alesina, Rafael Tella, Robert MacCulloch. Inequality and Happiness:Are Europeans and Americans Different. *Journal of Public Economics* 88（2004):2009–42.

3. 具体说来，1800 年时美国年人均收入是 1 000 美元（用今天的美元计算），80% 的人口从事农业工作。这些数据几乎和今天的莫桑比克（http://feedthefuture. gov/sites/default/files/country/strategies/files/ftf_factsheet_mozambique_oct2012. pdf，2014-11-29）以及乌干达（http://www.farmafrica.org/us/uganda/uganda, 2014-11-29）的数据完全相同。收入数据来自：the World DataBank.GNI per Capita, PPP (Current International $), http://databank.worldbank.org/data/views/ reports/tableview.aspx#,2014-11-29。

4. 例子详见：Robert Reich (http://en.wikipedia.org/wiki/Robert_Reich, last modified December 31, 2014); Paul Krugman (http://en.wikipedia.org/wiki/Paul_Krugman,last modified December 12, 2014); 以及最近一本颇有影响力的书：Thomas Piketty, *Capital in the Twenty-first Century*. Cambridge, Mass.: Belknap, 2014。

5. 这个类比主要来自美国人口调查局的收入数据，详见：http://www.census.gov/ hhes/www/income/data/historical/families/index.html。

6. 我还记得小的时候买过一包"巧克力烟"（纸包着的圆柱形糖棒）。

7. 但是，高私房屋主率会对就业造成严重的负面影响，因为人们无法轻易根据工作而移居了。详见：David G.Blanchflower, Andrew J. Oswald.The Danger of High Home Ownership: Greater Unemployment. briefing paper from Chatham House: The Royal Institute of International Affairs, October 1, 2013。

8. Marc A. Weiss.Marketing and Financing Home Ownership: Mortgage Lending and Public Policy in the United States, 1918–1989. *Business and Economic History*, 2nd ser., 18 (1989): 109–18。想了解其中一个典型的调查，详见：Michael S. Carliner. Development of Federal Homeownership "Policy". *Housing Policy Debate* (National Association of Home Builders) 9, no. 2 (1998): 229–321。

9. Lyndon B. Johnson.Special Message to the Congress on Urban Problems: "The Crisis of the Cities". February 22, 1968; Gerhard Peters, John T. Woolley. The American Presidency Project.

10. 美国联邦住宅管理局（FHA）保障项目设立于 1934 年，要求街坊邻居必须是"同质"的。FHA 轻松地在他们提供的表格中添加了种族限制条款。详见：Charles Abrams, *The City Is the Frontier*. New York: Harper and Row, 1965。

11. https://www.census.gov/hhes/www/housing/census/historic/owner.html, last modified October 31, 2011.

12. http://www.epa.gov/airtrends/images/comparison70.jpg, accessed November 29,2014.

13. History of Long Term Care. Elderweb, accessed November 27, 2014, http://www. elderweb.com/book/history-long-term-care.

14. http://www.infoplease.com/ipa/A0005140.html, accessed November 27, 2014.

15. 作为一位有经验的创业者，我可以向你保证，这种论调绝对是无稽之谈。如果 Facebook 的创始人马克·扎克伯格只会获得一小部分奖赏，他也会同样努力工作的。仙童半导体公司（Fairchild Semiconductor）被公认为是具有重大影响力的硅谷创业公司，其创始人被母公司慷慨地以每人 25 万美元买断时，可谓受宠若惊。用 Bob Noyce（英特尔公司创始人）的话说："钱不像是真的。只是为了计分而已。"（http://www.stanford.edu/class/e140/e140a/content/noyce.html，originally published by Tom Wolfe in *Esquire*, December 1983）

16. Matt Taibbi. The Great American Bubble Machine. *Rolling Stone*, April 5, 2010.

17. 公共事业振兴署在 1939 年更名为工作项目管理局（WPA）。

18. John M. Broder.The West: California Ups and Downs Ripple in the West.Economic Pulse, *New York Times*, January 6, 2003.

19. http://www.forbes.com/lists/2005/53/U3HH.html, accessed December 31, 2014.

20. Heidi Shierholz, Lawrence Mishel. A Decade of Flat Wages.Economic Policy Institute, Briefing Paper #365, August 21, 2013.

21. Robert Whaples.Hours of Work in U.S. History. EH.Net Encyclopedia, ed. Robert Whaples, August 14, 2001.

22. http://en.wikipedia.org/wiki/Eight-hour_day#United_States, last modified December 20, 2014.

23. http://finduslaw.com/fair-labor-standards-act-flsa-29-us-code-chapter-8, accessed November 27, 2014.

24. http://research.stlouisfed.org/fred2/graph/?s[1][id]=AVHWPEUSA065NRUG, accessed November 27, 2014.

25. http://www.bls.gov/news.release/empsit.t18.htm, accessed November 27, 2014.

26. Census Bureau, table P-37.Full-Time, Year-Round All Workers by Mean Income and Sex: 1955 to 2013. last modified September 16, 2014, https://www.census.gov/hhes/www/income/data/historical/people/.

27. Census Bureau, table H-12AR.Household by Number of Earners by Median and Mean Income: 1980 to 2013. last modified September 16, 2014, http://www.census.gov/hhes/www/income/data/historical/household/.

28. http://www.ssa.gov/oact/cola/central.html, accessed November 29, 2014.

29. 要得到这些数字，把拥有 1、2、3 以及 4 位以上赚钱者的家庭数量分别乘以 1、2、3、4，于是就得到了 122 460 000 户家庭的 153 488 000 位赚钱者，或者说 2012 年每户家庭有 1.25 个赚钱者。重复这个过程就可以得出 1995 年每户家庭有 1.36 个赚钱者的结论。

30. Jonathan Vespa, Jamie M. Lewis, and Rose M. Kreider.America's Families and Living Arrangements: 2012. Census Publication P20-570, figure 1, August 2013, https:// www.census.gov/prod/2013pubs/p20-570.pdf。我估计的 2.5% 的下降是通过去除只有一个成年人的家庭得来的（这个数据增加了 2.5%）。

31. http://en.wikipedia.org/wiki/Easterlin_paradox.

32. http://www.federalreserve.gov/apps/fof/DisplayTable.aspx?t=B.100 (last modified March 6, 2014), line 42, "Net household worth, 2012"：$69,523.5 billion, combined with http://quickfacts.census.gov/qfd/states/00000.html (last modified December 3, 2014), "Number of households, 2012"：115,226,802, and "Persons per household,2008–2012"：2.61.

33. A Summary of the 2014 Annual Reports. Social Security Administration, accessed November 29, 2014, http://www.ssa.gov/oact/trsum/。这是 OASI、DI、HI 以及 SMI 信托基金 2013 年底的总和 3 045 万亿美元。

34. Annual Returns on Stock, T. Bonds and T. Bills: 1928–Current. last modified January 5, 2014, http://pages.stern.nyu.edu/~adamodar/New_Home_Page/datafile/histretSP.html.

35. World Capital Markets—Size of Global Stock and Bond Markets. QVM Group LLC, April 2, 2012, http://qvmgroup.com/invest/2012/04/02/world-capital-markets-size-of-global-stock-and-bond-markets/.

36. http://finance.townhall.com/columnists/politicalcalculations/2013/01/21/whoreally-owns-the-us-national-debt-n1493555/page/full, last modified January 21,2013.

37. Cory Hopkins.Combined Value of US Homes to Top $25 Trillion in 2013. December19, 2013, http://www.zillow.com/blog/2013-12-19/value-us-homes-to-top-25-tril lion/; Mortgage Debt Outstanding. Board of Governors of the Federal Reserve System, last modified December 11, 2014, http://www.federalreserve.gov/econresdata/releases/mortoutstand/current.htm.

38. International Comparisons of GDP per Capita and per Hour, 1960–2011. Bureau of Labor Statistics, table 1b, last modified November 7, 2012, http://www.bls.gov/ilc/intl_gdp_capita_gdp_hour.htm#table01.

39. https://www.energystar.gov, accessed December 31, 2014.

40. C. Gini.Italian: Variabilità e mutabilità (Variability and Mutability). 1912, reprinted in *Memorie di metodologica statistica,* ed. E. Pizetti and T. Salvemini (Rome: Libreria Eredi Virgilio Veschi, 1955).

41. Adam Bee.Household Income Inequality Within U.S. Counties: 2006–2010.

人
工
智
能
时
代

HUMANS NEED NOT APPLY

American Community Survey Briefs, Census Bureau, U.S. Department of Commerce, ACSBR/ 10–18, February 2012, http://www.census.gov/prod/2012pubs/acsbr10-18.pdf.

42. 这需要计算某种利益的传递闭环。比如，你拥有某个退休基金股份，该退休基金以自己的名义持有某种股票，并不是你持有——但是你是我们想要度量的实体。作为第一个近似值，我建议在闭环触及到一个自然人之前，要一直被计算在内。

43. William McBride.New Study Ponders Elimination of the Corporate Income Tax.*Tax Foundation*, April 11, 2014.

44. John Maynard Keynes. *Essays in Persuasion.* New York: Classic House Books, 2009.

结 语 如果机器圈养了人类

1. John Philip Sousa.The Menace of Mechanical Music. *Appleton's* 8 (1906).

2. Harry Pearson is quoted at http://en.wikipedia.org/wiki/Comparison_of_analog_and_digital_recording, last modified December 11, 2014; Michael Fremer is quoted by Eric Drosin. Vinyl Rises from the Dead as Music Lovers Fuel Revival. *Wall Street Journal*, May 20, 1997, http://www.wsj.com/articles/SB864065981213541500.

3. 这在 19 世纪末期是很常见的。有钱人可以拥有连在火车上的个人车厢，如果想要更加奢华而灵活，他们甚至可以把车厢连在自己的私人火车头上。

4. L. J. Blincoe, T. R. Miller, E. Zaloshnja, and B. A. Lawrence. *The Economic and Societal Impact of Motor Vehicle Crashes,* 2010, report no. DOT HS 812 013. Washington, D.C.:National Highway Traffic Safety Administration (2014), http://www-nrd.nhtsa.dot.gov/pubs/812013.pdf.

5. Kevin Spieser, Kyle Treleaven, Rick Zhang, Emilio Frazzoli, Daniel Morton, and Marco Pavone. Toward a Systematic Approach to the Design and Evaluation of Automated Mobility-on-Demand Systems: A Case Study in Singapore. in *Road Vehicle Automation*, Springer Lecture Notes in Mobility 11, ed. Gereon Meyer and Sven Beiker, 2014,available from MIT Libraries; David Begg.A 2050 Vision for London: What Are the Implications of Driverless Transport?. *Transport Times,* June, 2014.

6. 根据谷歌自动驾驶汽车顾问 Brad Templeton 的说法："在洛杉矶，据估计，半数以上的不动产都用于汽车（道路和周围、车道、停车场）。"详见 : http://www.templetons.com/brad/robocars/numbers.html.2014-11-29。

7. Transportation Energy Data Book, table 8.5, Center for Transportation Analysis, Oak Ridge National Laboratory, accessed November 29, 2014, http://cta.ornl.gov/data/

chapter8.shtml.

8. Lawrence D. Burns, William C. Jordan, and Bonnie A. Scarborough.Transforming Personal Mobility. the Earth Institute, Columbia University, January 27, 2013。

9. 美国人 2012 年食物上的支出占据总花销的 12.8%。详见 : Consumer Expenditures in 2012. table A ("Food" divided by "Average Annual Expenditures"), Bureau of Labor Statistics Reports, March 2014。

10. Emilio Frazzoli.Can We Put a Price on Autonomous Driving?. *MIT Technology Review,* March 18, 2014.

11. 这样的管理员能做什么？它们可以在早晨为你准备咖啡，在你回家时准备你最喜欢的饮料，你还可以在厢式车后面休息，在"船长椅"上享受折叠餐桌和娱乐节目，就像坐在飞机头等舱一样。

12. Alan Turing.Computing Machinery and Intelligence. *Mind* 59, No. 236 (1950): 433–60.

13. http://en.wikipedia.org/wiki/Loebner_Prize#Winners, last modified December 29,2014.

14. Turing.Computing Machinery and Intelligence, 442.

15. Paul Miller. iOS 5 includes Siri "Intelligent Assistant" Voice-Control, Dictation—for iPhone 4S Only. *The Verge*, October 4, 2011.

16. Loren Schweninger. *Black Property Owners in the South,* 1790–1915. Champaign: University of Illinois Press, 1997, 65–66.

17. Vitalik Buterin.Cryptographic Code Obfuscation: Decentralized Autonomous Organizations Are About to Take a Huge Leap Forward. *Bitcoin,* February 8, 2014.

18. 如果想要了解更多关于这个问题的深度分析，可参考 : Nick Bostrom. *Superintelligence*. Oxford: Oxford University Press, 2014。

19. http://en.wikipedia.org/wiki/Anti-lock_braking_system, last modified December 30,2014.

人工智能时代 HUMANS NEED NOT APPLY

我要感谢以下几位读者和审稿人给予我的评价和建议，这些意见想必是他们深思熟虑、认真推敲后的结果，他们是：Stan Rosenschein、Wendell Wallach、Michael Steger、Randy Sargent、George Anders、Pam Friedman、Elaine Wu、Kapil Jain、Kenneth Judd。当然，还要感谢我业务娴熟且一丝不苟的编辑 Joe Calamia、我奉行完美主义的文字编辑 Robin DuBlanc，以及他在耶鲁大学出版社工作的同事们。

同样，我还要感谢 Richard Rhodes 把我介绍给了我的作家代理——Janklow & Nesbit 事务所的 Emma Parry，她代表作者所进行的有礼有节、不卑不亢的谈判应该成为世界各地说客的典范。还有几个人慷慨地付出了他们的宝贵时间来接受我的采访，他们是 Emmie Nastor、Mark Torrance、George John 以及 Jason Brewster。

来自斯坦福大学人工智能实验室的李飞飞和 Mike Genesereth 都鼓励我教授一门相关主题的课程，所以书中才会有我讲座中的内容。Fanya Montalvo 提出了"买玛特"股票购买折扣的建议，取代了普通的付款优惠券。

这本书原来的书名并不是现在这个——现在的书名借鉴了一个出色的同名短片，这个视频的制作者是著名的隐士、"教娱大师" C. G. P. Grey^①，我是他的铁杆粉丝。你可以在 YouTube 上观看他的作品。

最后，我要感谢我伟大的妻子，Michelle Pettigrew-Kaplan，感谢她允许我在本应浪漫的时刻总是匆匆地在笔记本上写下冒出来的想法。当然，还要感谢我的孩子们——Chelsea、Jordan、Lily 以及 Cami。孩子们，我的书终于写完了！

·216·

人工智能时代 HUMANS NEED NOT APPLY

---

① 他的视频最主要是对普罗大众比较难区别的概念或对某事物存在的误解进行解释或辟谣，因此他的视频具有较强的教育意义。——译者注

最近几十年来，不论是小说、电影还是电视剧，科幻一直是一个长盛不衰的题材。相信有无数的《星球大战》迷一提到"原力"和"光剑"，内心便会小小激动一下。时至今日，在看过更多的影视科幻大作之后，科幻对于我来说，已经从各种飞船、武器以及超能力，慢慢变为了更具有现实意义的人工智能，而这也是我对不远未来的深深期待。

即使曲速引擎能让"企业号"飞船翱翔宇宙，但是一旦出现故障，还得总工程师史考特去查找问题并检修，要不就得柯克舰长亲自动手修复。这时候，要是有个全功能智能机器人该多好，至少不需要让人类脆弱的身体去深入险境。相比之下，《星际穿越》的男主人公就是因为有了 Tars 这样的助手（就是那个可以随意变化形状、没事还会说几句冷笑话的机器人），不论工作还是生活，幸福指数都大幅提高了，甚至全人类也因此获救。《钢铁侠》中斯塔克创造的 Jarvis 就更厉害了，只要有斯塔克的地方就会有它，从检修钢铁战衣到处理日常事务，可以说是如影随形。而斯塔克每次都可以在最短的时间内获得各种相关信息的分析结果，他自己只需要做决定就可以了。而这种能让自己几乎处处都领先对手一步的能力正是斯塔克每次都可以化险为夷的保证。要是没有 Jarvis，斯塔克的战力至少缩水一半。当然，从一定程度上来说，人工智能的能力并不是越强越好。就像美剧《疑犯追踪》当中的 Machine 和 Samaritan，这两个能高度自由进化的人工智能在后来已经进入了一个人类无法理解的世界。全人类在它们俩眼里都只是工具：或为实验工具，或为战斗工具，再或者只是玩具而已。

也许你觉得这一切都和你相距甚远，但是本书却用详实的信息和大量的事实告诉我们，属于"合成智能"和"人造劳动者"的时代将要很快降临。从人类的发展角度来看，什么样的人工智能才是最合适的呢？

首先，它需要具有强大的信息处理能力。它能按照要求作出所有相关信息的数据分析并形成方案，而且准确率极高。第二，它无处不在、无时不在。在你需要它的时候，它总会在第一时间以一种合适的形态出现在你身边。第三，它只是一个称职的帮手。它从来不会替你做决定，只负责提出建议和想法。兼具上述特征的人工智能可以让我们的生活更简单、更高效，也更安全。

在不远的将来，人人都可以定制一个自己的合成智能。你可以把生活中的很多事情交给它来帮你完成。比如，你完全可以把汽车的驾驶权交给它，因为它可以高效完成你所提出的驾驶要求，所以由它来开车你会感觉非常爽。比如，某天你有急事需要尽快赶到某处，然后你把这个情况告诉你的"代理驾驶员"。于是它在开车途中，就不停偷偷和别人的"代理驾驶员"说："嗨，哥们，我这边有急事，帮忙借个道呗。"它们一合计，你的车呼一下子就超了过去，超车速度和时机完美得无懈可击。最终你平稳安全地提前到达目的地。类似的事情还有很多，但都有一个共同点：这些事情都是在你不知不觉中办好的。

你还可以根据你的经济状况为自己的助手在某些你喜欢的方面进行专项升级。比如，如果你对美食情有独钟，你就可以让你的定制人造劳动者在其他功能上保持一般标准，而让生产商单独给你升级一套高级美食程序。这样，你在家里就可以享用到专业级的美食了。

也许你的基本版人工智能不能代你炒股并从中赚到钱，因为毕竟术业有专攻；而金融公司们也会拥有如汽车界 F1 赛车般的人工智能，而这样的赛车会远远超过你的普通家用轿车。但是基本版在日常生活中却是完全够用的，虽然你的"代理大厨"可能做不出能媲美米其林三星的美食，但是从菜品种类到质量，强过大多数人类的水平应该还是没问题的。

未来的人工智能会是什么样的呢？会是人类的助手、朋友，还是人类的主人？请不要闭上眼睛逃避这样的选择，因为未来即将开启，而选择的机会也可能只有一次。

最后，我要感谢湛庐文化引进"机器人与人工智能"系列丛书，这些优秀的书籍除了让人大开眼界之外，还在一个恰当的时机引发了中国人对于科技和未来的思考与讨论。感谢湛庐文化的编辑在我翻译本书过程中给予我的支持和鼓励；感谢李玉民、郝京秋、赵斌、裴菲、李雪飞、魏良子、赵瀛、周淼在翻译中给予我的帮助。

作为译者，我衷心希望各位读者能同样感受到我在翻译本书过程中体会到的乐趣。如果本书的中文译本能为读者带来一丝启迪，那将是我莫大的荣幸。

未来，属于终身学习者

我这辈子遇到的聪明人（来自各行各业的聪明人）没有不每天阅读的——没有，一个都没有。巴菲特读书之多，我读书之多，可能会让你感到吃惊。孩子们都笑话我。他们觉得我是一本长了两条腿的书。

——查理·芒格

互联网改变了信息连接的方式；指数型技术在迅速颠覆着现有的商业世界；人工智能已经开始抢占人类的工作岗位……

未来，到底需要什么样的人才？

改变命运唯一的策略是你要变成终身学习者。未来世界将不再需要单一的技能型人才，而是需要具备完善的知识结构、极强逻辑思考力和高感知力的复合型人才。优秀的人往往通过阅读建立足够强大的抽象思维能力，获得异于众人的思考和整合能力。未来，将属于终身学习者！而阅读必定和终身学习形影不离。

很多人读书，追求的是干货，寻求的是立刻行之有效的解决方案。其实这是一种留在舒适区的阅读方法。在这个充满不确定性的年代，答案不会简单地出现在书里，因为生活根本就没有标准确切的答案，你也不能期望过去的经验能解决未来的问题。

湛庐阅读APP：与最聪明的人共同进化

有人常常把成本支出的焦点放在书价上，把读完一本书当作阅读的终结。其实不然。

时间是读者付出的最大阅读成本

怎么读是读者面临的最大阅读障碍

"读书破万卷"不仅仅在"万"，更重要的是在"破"！

现在，我们构建了全新的 "湛庐阅读"APP。它将成为你"破万卷"的新居所。在这里：

- 不用考虑读什么，你可以便捷找到纸书、有声书和各种声音产品；
- 你可以学会怎么读，你将发现集泛读、通读、精读于一体的阅读解决方案；
- 你会与作者、译者、专家、推荐人和阅读教练相遇，他们是优质思想的发源地；
- 你会与优秀的读者和终身学习者为伍，他们对阅读和学习有着持久的热情和源源不绝的内驱力。

从单一到复合，从知道到精通，从理解到创造，湛庐希望建立一个"与最聪明的人共同进化"的社区，成为人类先进思想交汇的聚集地，与你共同迎接未来。

与此同时，我们希望能够重新定义你的学习场景，让你随时随地收获有内容、有价值的思想，通过阅读实现终身学习。这是我们的使命和价值。

湛庐阅读APP玩转指南

湛庐阅读APP结构图：

12+图书订阅服务
纸质书
有声书 — 读什么
电子书

泛读：一书一课
怎么读 — 通读：通识课
精读：精读班

湛庐阅读APP

优秀的读者和终身学习者 — 与谁共读

跟谁读 — 作者、译者、专家、推荐人和阅读教练

三步玩转湛庐阅读APP：

读一读 ▼

湛庐纸书一站买，
全年好书打包订

书城

听一听 ▼

泛读、通读、精读，
选取适合你的阅读方式

扫一扫 ▼

买书、听书、讲书、
拆书服务，一键获取

扫一扫

APP获取方式：
安卓用户前往各大应用市场、苹果用户前往APP Store
直接下载"湛庐阅读"APP，与最聪明的人共同进化！

使用APP扫一扫功能，
遇见书里书外更大的世界！

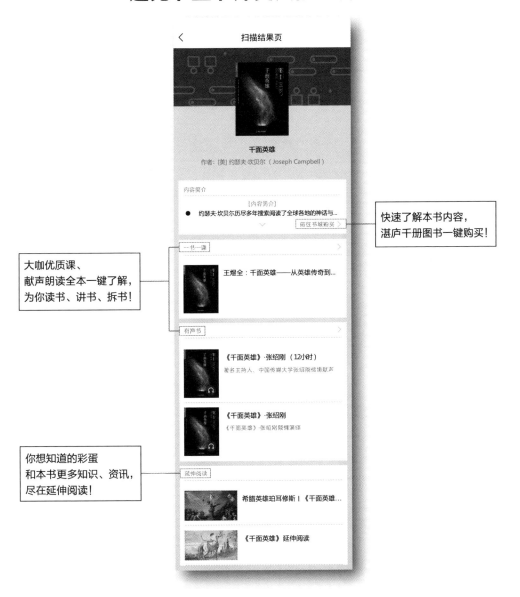

快速了解本书内容，
湛庐千册图书一键购买！

大咖优质课、
献声朗读全本一键了解，
为你读书、讲书、拆书！

你想知道的彩蛋
和本书更多知识、资讯，
尽在延伸阅读！

湛庐CHEERS

延伸阅读

《与机器人共舞》

◎ 人工智能时代的科技预言家、普利策奖得主、乔布斯极为推崇的记者约翰·马尔科夫重磅新作！

◎ 迄今为止最完整、最具可读性的人工智能史著作。

使用"湛庐阅读"APP，
"扫一扫"获取本书更多精彩内容
ISBN 978-7-213-06851-5

《情感机器》

◎ 人工智能之父、MIT 人工智能实验室联合创始人马文·明斯基重磅力作首度引入中国。

◎ 情感机器 6 大创建维度首次披露，人工智能新风口驾驭之道重磅公开。

使用"湛庐阅读"APP，
"扫一扫"获取本书更多精彩内容
ISBN 978-7-213-06942-0

《人工智能的未来》

◎ 奇点大学校长、谷歌公司工程总监雷·库兹韦尔倾心之作。

◎ 一部洞悉未来思维模式、全面解析"人工智能"创建原理的颠覆力作。

使用"湛庐阅读"APP，
"扫一扫"获取本书更多精彩内容
ISBN 978-7-213-07147-8

《第四次革命》

◎ 信息哲学领军人、图灵革命引爆者卢西亚诺·弗洛里迪划时代力作。

◎ 继哥白尼革命、达尔文革命、神经科学革命之后，人类社会迎来了第四次革命——图灵革命。那么，人工智能将如何重塑人类现实？

使用"湛庐阅读"APP，
"扫一扫"获取本书更多精彩内容
ISBN 978-7-213-07230-7

延 伸 阅 读

《虚拟人》

◎ 比史蒂夫·乔布斯、埃隆·马斯克更偏执的"科技狂人"玛蒂娜·罗斯布拉特缔造不死未来的世纪争议之作。

◎ 终结死亡，召唤永生，一窥现实版"弗兰肯斯坦"的疯狂世界！

使用"湛庐阅读"APP，
"扫一扫"获取本书更多精彩内容
ISBN 978-7-213-07468-4

《脑机穿越》

◎ 脑机接口研究先驱、巴西世界杯"机械战甲"发明者米格尔·尼科莱利斯扛鼎力作！

◎ 外骨骼、脑联网、大脑校园、记忆永生、意念操控……你最不可错过的未来之书！

◎ 2016年第十一届"文津图书奖"科普类推荐图书15种之一！"

使用"湛庐阅读"APP，
"扫一扫"获取本书更多精彩内容
ISBN 978-7-213-06583-5

《图灵的大教堂 》

◎ 《华尔街日报》最佳商业书籍，加州大学伯克利分校全体师生必读书。

◎ 代码如何接管这个世界？三维数字宇宙可能走向何处？

使用"湛庐阅读"APP，
"扫一扫"获取本书更多精彩内容
ISBN 978-7-213-06665-8

图书在版编目（CIP）数据

人工智能时代 /（美）卡普兰著；李盼译 . —杭州：浙江人民出版社，2016.4（2024.12 重印）

ISBN 978-7-213-07260-4

Ⅰ.①人…　Ⅱ.①卡…　②李…　Ⅲ.①人工智能–研究　Ⅳ.①TP18

中国版本图书馆 CIP 数据核字（2016）第 074409 号

浙 江 省 版 权 局
著作权合同登记章
图字：11-2015-275 号

上架指导：科技 / 人工智能

人工智能时代

作　　者：[美] 杰瑞·卡普兰　著
译　　者：李 盼 译
出版发行：浙江人民出版社（杭州市环城北路 177 号　邮政　31006）
　　　　　市场部电话：（0571）85061682　85176516
集团网址：浙江出版联合集团　http://www.zjcb.com
责任编辑：朱丽芳　陈 源
责任校对：张谷年
印　　刷：唐山富达印务有限公司
开　　本：720mm × 965 mm 1/16　　　印　　张：16
字　　数：18万　　　　　　　　　　　插　　页：5
版　　次：2016年4月第1版　　　　　印　　次：2024年12月第14次印刷
书　　号：ISBN 978-7-213-07260-4
定　　价：59.90元